BBC 科普三部曲

地球
EARTH

· 行星的力量 ·
THE POWER OF THE PLANET

Iain Stewart & John Lynch

[英]
伊恩·斯图尔特　[英]
约翰·林奇————著

王昭力　聂永阁　张真真————译
魏科————审订

中信出版集团 | 北京

图书在版编目（CIP）数据

地球：行星的力量 /（英）伊恩·斯图尔特,（英）
约翰·林奇著；王昭力,聂永阁,张真真译.--北京：
中信出版社,2023.12
（BBC科普三部曲）
书名原文：EARTH: THE POWER OF THE PLANET
ISBN 978-7-5217-5713-2

Ⅰ.①地… Ⅱ.①伊… ②约… ③王… ④聂… ⑤张
… Ⅲ.①地球－普及读物 Ⅳ.① P183-49

中国国家版本馆 CIP 数据核字 (2023) 第 082042 号

BBC科普三部曲
地球：行星的力量
著者： [英]伊恩·斯图尔特 [英]约翰·林奇
译者： 王昭力 聂永阁 张真真
出版发行：中信出版集团股份有限公司
（北京市朝阳区东三环北路 27 号嘉铭中心 邮编 100020 ）
承印者： 北京启航东方印刷有限公司

开本：889mm×1194mm 1/16 印张：14.5 字数：278 千字
版次：2023 年 12 月第 1 版 印次：2023 年 12 月第 1 次印刷
京权图字：01-2023-2805 书号：ISBN 978-7-5217-5713-2
审图号：GS 京（2023）1333 号（除第 18 页与第 23 图页，本书插图系原文插图）
定价：110.00 元

图书策划：中信出版·心理分社
总策划： 刘淑娟 策划编辑：周家翠
责任编辑：范虹轶 特约编辑：刘佳琦
营销编辑：黄建平 金慧霖 装帧设计：别境 Lab

版权所有·侵权必究
如有印刷、装订问题，本公司负责调换。
服务热线：400-600-8099
投稿邮箱：author@citicpub.com

BBC 科普三部曲

地球
行星的力量

EARTH
THE POWER OF THE PLANET

目 录
CONTENTS

序 言

·9·

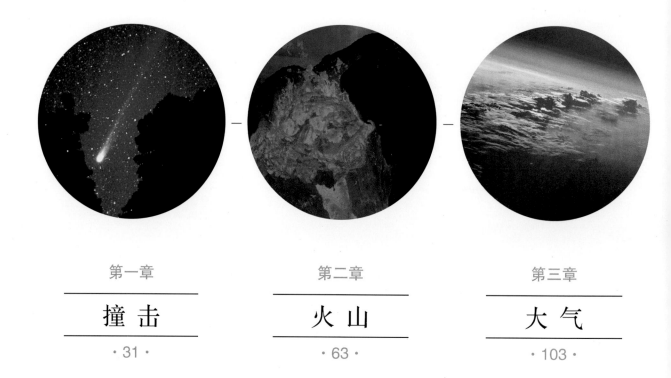

目　录
CONTENTS

忽然，一颗闪闪发光、蓝白相间的宝石从月亮后面浮现出来，场面十分壮观，并且这一场面缓慢地持续了很久。这个明亮的球体呈现出柔和的天蓝色，上面还点缀着缓缓飘动的旋涡状的白色轻纱。它缓缓升起，宛若一颗小小的珍珠镶嵌在一大片深邃而神秘的黑色幕布上。过了许久，我才完全意识到这是我们的家园——地球。

——美国宇航员 埃德加·米切尔

序 言

切尔斯基是俄罗斯东北部的一个城镇。这里寒冷而偏僻，是地球上最荒凉的地区之一：到处是一望无际的泥地、沼泽和湿地。这里就是西伯利亚冻土带。切尔斯基位于一片泥炭沼泽区内，一年的大部分时间都是冰封的，其面积和法国相当。目前这里的人口仅有2万，许多是当地的雅库特人，他们以放牧驯鹿为生。

在地球上，除了南极洲，几乎没有什么地方比这儿更荒凉了。这个地区因其寒冷和偏远而得名，因此，曾被选为战俘集中营。在这里几乎不费吹灰之力就能把犯人监禁起来，因为他们无处可逃。如今，集中营已不复存在，但是，这块土地却仍然具有惩戒的意味。没有充足的理由，一般人是不会去那里的。但对科学家而言，该地区可能会对探索地球的未来起到关键作用。

西伯利亚的夏天是短暂的。其间，冰封的地面融化开来，冻土带变成一块由湿地和湖泊组成的浸过水的"拼布"。血湖位于切尔斯基市郊，它的名字源于该地区关于古拉格的可怕的历史。冬天，就像这里所有的湖泊一样，血湖也会全部冻结，湖面上覆盖着不透明的灰白色冰层，大约1米厚的冰层能够安全地承受一个人或一辆雪地摩托车的重量。但是，有一年春末我去那里的时候，发现湖面的冰层变得很薄，比之前更容易脆裂了。而且，湖面边缘出现了深色的斑块，薄薄的冰面已经变得像玻璃一样透明了。我们可以看到封在冰层下面的气穴，以及从湖水深处不断往上冒的小气泡——血湖像是在装死，它微弱地呼吸着，像是在等待着从那冰冷的坟墓中解脱出来。然而，这些并不是普通的空气气泡。如果将冰层刺穿，然后用火焰对准咝咝冒出的气体，一股炽热的气流就会喷射出来。在一两分钟的时间里，熊熊的火焰就会照亮极地的夜空。火焰和周围的落

左页图　广阔的西伯利亚勒拿河三角洲地区——一块由河道和湖泊编织成的"拼布"，融化的湖泊呈马蜂窝状。西伯利亚东北角地区可能会对探索星球的未来起到关键作用。

版权页 + 扉页图　夏威夷基拉韦厄火山燃烧时的景象。

叶松林一样高，像是有几百升气体在燃烧。前行几米，你很快便会发现其他气穴。在那里，你可以重复相同的实验。实际上，这个地区几乎所有的湖泊都会排放出同样奇怪的气体：一种无色、无味、极易燃烧的气体，这些都足以说明西伯利亚冻土带正在泄漏甲烷。

甲烷是地球上主要的温室气体之一。它或许不像二氧化碳那样广为人知，但它的危害也很大：同等质量甲烷在大气中吸收的热量是二氧化碳的21倍。这就是说，即使甲烷的泄漏量相对较少，也有可能对气候产生巨大的影响。自上个冰期以来，西伯利亚地区的甲烷就一直被封在多年冻土层中。只有最上面大约半米厚的冻土层会在夏天融化，又在冬天重新结冰，而其下深达1 000多米的地层却是永久冻结的。自一万年前的冰期以来，只有极少量的甲烷从这块冰封的土地下面逃逸出来，但是现在，这里的热量似乎已经被调高了。

在地球上，北极地区的温度上升得比其他任何地区都要快。在阿拉斯加，春天的到来比半个世纪前提前了两周。自1950年以来，内陆气温升高了2℃，多年冻土层的气温上升了2.5℃。西伯利亚可能正在以更快的速度变暖。在过去10年[1]中，该地区的平均气温大约上升了3℃。同样，自20世纪80年代初开始使用卫星观测以来，这里的春天大约每年提前一天。从阿拉斯加横跨加拿大北部，再到西伯利亚地区，你会发现多年冻土层正逐渐变成泥浆，坚固的地基塌陷，致使公路和建筑物下沉断裂。一年的大部分时间里，冰封的河流原本充当着公路，如今可以在上面开车行走的时间变得越来越短了。越来越多的土地变成沼泽，而且每年都有不断蔓延的趋势。当西伯利亚多年冻土层融化的时候，那里的甲烷就会喷涌而出。

据估计，西伯利亚多年冻土层中的甲烷含量是地球陆地甲烷总量的1/4。这里的湖泊正在融化，甲烷也正以越来越快的速度泄漏。更糟糕的是，随着冻土带的气温逐渐升高，积雪的覆盖面也不断减少，这样一来，冻土带融化的速度会更快，因为裸露的土壤会吸收太阳的热量，而不是像积雪那样把热量反射回太空。一旦酝酿已久的甲烷找到突破口，就会源源不断地向外排放，永不停歇。

这听起来像另一个全球变暖的恐怖故事，不同的是，许多地质学家认为在此之前也发生过类似的情况。有人认为，大约5 500万年前（早在冰期以前），数万亿吨甲烷从海底沉积物中逃逸出来，又在大气层中聚集了数千年，导致地球表面的平均气温从18℃上升到了24℃[2]；相比之下，目前全球平均温度大约是15℃。所以，在当时整个世界都被改变了。湖水蒸发，很多海洋消失，森林变成灌木林，灌木林再变成荒漠。极地冰川融化，北冰洋的温度变得和今天的热带海洋一样高。北极圈的松林痕迹就是那时候留下来的。当时在暖流的作用下，这些树木长得非常茂盛，而现在，只有一些地衣和苔藓能在这里存活。动物向新大陆迁徙，到达那些曾经被冰川或海水阻隔的地区。但也有不利的一面：由于气候的变化，海洋遭受毒害，海水深处缺氧，造成数百万海洋生物死亡，

---

[1] 本书英文版出版于2007年，为了保证内容叙述的完整性和前后一致性，书中数据大部分保留原书数据，经过专家审订的最新数据以脚注形式列出，特此说明。——编者注

[2] 最新数据认为，当时地球表面的平均气温上升了5℃～8℃。——编者注

右页图　在西伯利亚东北部，冰冻的地面正在融化，从无数个解冻的湖泊中，如迈恩河与阿纳德尔河之间的湖泊，甲烷正在泄漏。

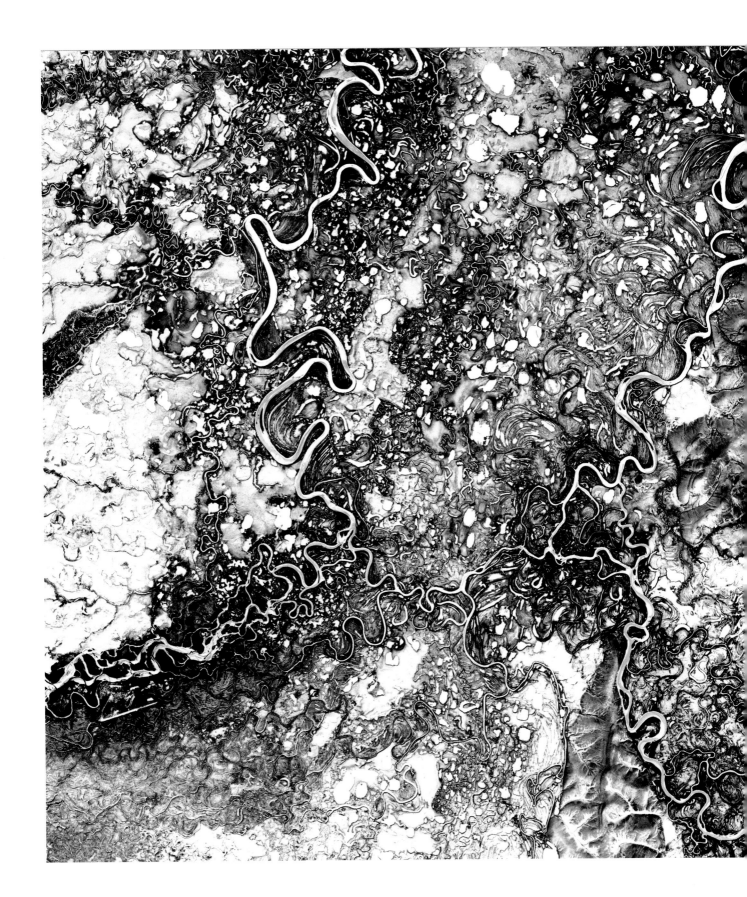

许多物种濒临灭绝。

今天，我们排放到大气中的温室气体促使地球气温持续上升，且比5 500万年前上升得更快。如果气候的变化也将封存在北冰洋多年冻土层或海底沉积物中的甲烷释放出来，那么，全球变暖的速度就会超出预期。种种迹象表明：以前发生过的情况很可能再次发生。

近几十年科学家才开始探索地球对人类强加给它的变化究竟会敏感到何种程度。要使生命能够在地球上存活，就需要有稳定的气候，而这有赖于海洋、陆地和大气之间隐形的动态网络连接。海洋、陆地和大气这些元素组成了这个世界，它们表面上相互独立，但事实上，它们就像安装在一台复杂机器上的齿轮一般紧密地配合运转，并设法通过物质和能量之间的不断交换来维持气候平衡，从而使地球成为宜居星球。但问题是我们这个相互连通的世界不仅是复杂的，而且是多变的，即使系统中的某个部分发生一些看似微小的变化，比如从融化的西伯利亚沼泽中泄漏出来的甲烷，也能通过相互之间的连锁反应在全球产生深远影响。

空气革命

18世纪60年代，英国机械工程师詹姆斯·瓦特开始修补一台设计巧妙但效率低下的蒸汽机，可他并不知道，自己即将开启的不仅仅是一个新的工业时代，还是一个新的地质时代。

瓦特对蒸汽机的改良设计将引发一系列连锁反应：煤、铁的使用量开始爆炸式增长，工业产品的生产迅速扩大，新的运输方式不断涌现。虽然工业革命的专业技术在全球飞速传播，但是它所具有的更多潜在作用还处于积累阶段。自18世纪80年代以来，南极洲和格陵兰岛冰封的荒原上就覆盖着层层积雪，它们记录了温室气体二氧化碳和甲烷增加的过程。这个过程虽然缓慢，却是显而易见的。大约在同一时期，湖泊里的淡水生物开始适应全球范围内新的化学变化。现在，许多科学家把18世纪后25年当作一个关键时期，因为那时人类对环境的影响已开始呈现出全球化趋势。人类在地球自然力的支配下生活了几千年，现在终于开始掌控这个星球了。我们已经进入一个新的时代，也就是有些科学家所说的新地质时代：人类世。

当工业激烈扩张的时候，有些人已经预见到这个世界可能会发生改变。事实上，"温室气体"这个看似非常现代的概念，却是法国数学家和物理学家约瑟夫·傅立叶于19世纪20年代提出的。傅立叶在当时就认识到，地球所吸收的来自太阳的热量和它发射回太空的热量并不相等。他还意识到，这种不平衡有一部分是大气层造成的，在大气层的作用下，发射回太空的热量不能完全散发出去，因此，地球表面变得越来越暖和。如今我们都知道，这种温室效应对生物起着至关重要的作用——如果没有它，全球气温将会下降到 -18℃，而不是现在的15℃。当时，傅立叶是第一个推测出人类活动很可能对储存在大气层中的热量的多少产生影响的人，尽管他还不能非常确定其中的原理。19世纪50年代，英国科学家约翰·丁达尔的计算更接近了傅立叶的推断：大部分热量被水蒸气和二氧化碳吸收了，而这部分气体加起来仅占大气的1%。

今天，我们可以清楚地了解到大气中的二氧化碳

地球 行星的力量

右页图　全球气候变化模型模拟风暴即将来临。

是怎么回事，因为近半个世纪以来，位于夏威夷冒纳罗亚火山顶的某个气象观测站一直准确记录着这一情况：自1958年以来，这扇"天空之窗"收集了充分的证据，证明了我们的星球一直处在变化中。在过去的半个世纪内，空气中的二氧化碳浓度已经稳步上升了大约22%[1]，目前还在以每年约2ppm的速度增长，并于2007年2月达到384ppm[2]，即每100万个干洁空气的分子中含有384个二氧化碳分子。这个含量看似微小，却意味着二氧化碳含量比工业革命之前增长了37%，也说明当时的二氧化碳浓度只有280ppm。[3]我们测量了以前封存在南极洲和格陵兰岛的气体，并通过气泡中的化学物质了解到这一点。实际上，这份关于大气层的冰封档案至少可以追溯到65万年前（早在我们能够准确计量时间的时候）。相比之下，今天的二氧化碳达到了前所未有的浓度值。

① 1959—2007年，冒纳罗亚观测站记录的二氧化碳浓度数据已从315ppm（1ppm=10⁻⁶）左右增长到384ppm，大约增长了22%。2021年10月26日，世界气象组织发布了《温室气体公报》并指出，2021年二氧化碳的浓度值为1750年工业化前水平的149%。——编者注

② 2023年1月9日，中国气象局发布《2021年中国温室气体公报》。该公报显示，2021年，青海瓦里关国家大气本底站观测到的二氧化碳浓度为417.0±0.2 ppm。——编者注

③ 2021年空气中二氧化碳的浓度已经达到417ppm，比工业革命前增加了49%。——编者注

下图　世界各地的农耕方式或许有很大不同，但是，农业对土地的影响在每一块大陆上都同样显著。

碳排量计算

斯万特·阿累尼乌斯，身材魁梧，是一位喜爱派对的著名的瑞典物理化学家。1896 年，他因准确计算出大气中的二氧化碳对地球温度的影响，使气候学有了一次巨大的飞跃。阿累尼乌斯体重将近 100 公斤，却是一个有着伟大思想的巨人。他认为，冰期是由大气中二氧化碳含量的巨大波动引起的。以这个构想为基础，这位诺贝尔奖获得者开始计算改变全球温度所需要的二氧化碳含量。这是一项无比艰巨的任务，就连今天功能最强大的计算机也有可能花上一周甚至更长的时间来模拟全球气候的变化，而阿累尼乌斯不得不通过手算完成这些极其复杂的计算。他计算出了 5 种不同浓度的二氧化碳在地球南纬和北纬每 10° 的地区所产生的温室效应。他对此项工作十分痴迷，几乎每天工作 14 个小时，用了整整一年时间来完成这项工作，最终绘制出了一套精确度极高的表格：一种关于气候变化的简便计算表。他推测，二氧化碳含量的倍增将导致全球气温上升 5℃，这个数据非常接近今天大部分科学家的预估范围。也许从表面上看，这种情况并不十分明显，但是，这可是冰期和像今天这样温暖期之间的温度差别。

斯万特·阿累尼乌斯做出的最

伟大贡献是，他将化石燃料的燃烧和气候的变暖效应联系在一起。之后，他费尽心力计算出因燃煤导致二氧化碳含量增加一倍的时间。以 19 世纪 90 年代后期的工业机械化水平为参照，他计算出的答案是大约 3 000 年。具有讽刺意味的是，阿累尼乌斯并没有把全球变暖看作一种威胁；相反，他预见一个时代即将来临——到那时，与他那些斯堪的纳维亚半岛的同胞相比，我们的后人将会在更加温暖舒适的气候下沐浴阳光。但他没有预料到的是，二氧化碳的排放量会在下个世纪增加 15 倍。

今天，全世界的人每年要排放 220 亿吨二氧化碳[①]，照这样的速度来看，到 21 世纪末，大气中的二氧化碳含量将是工业革命前的两倍。令人遗憾的是，实际上二氧化碳含量增加一倍所花费的时间远不及阿累尼乌斯所预测时间的 1/10。

[①] 2023 年 3 月 2 日，国际能源署发布了《2022 年二氧化碳排放报告》并指出，2022 年全球与能源相关的二氧化碳排放量再创新高，达到 368 亿吨以上。——编者注

序言

15

正在使地球气候发生改变的不仅仅是二氧化碳。自瑞典物理化学家斯万特·阿累尼乌斯欣喜地预测到他所说的那个更加美好、更加温暖的世界以来，汽车出现了，新兴工业和集约型农业也达到了一定规模，而在一个世纪以前，这都是无法设想的。这一切带来的后果是，效力更强的温室气体被排放出来，比如一氧化二氮和甲烷。而最终的结果是，自20世纪初以来，地球表面附近的平均气温上升了0.7℃[①]。

地球健康体检

正如一个健康的人体需要心脏、大脑、肺等器官来确保其正常运转一样，地球也需要健全的"器官"来保持良好的工作状态——陆地、海洋、大气、冰川（冰冻圈）和生物（生物圈）。为了证明这一点，我们通常用全球卫星网络来监测地球发出的一些重要信号。该网络由卫星、航空器和地面控制系统组成，它可以记录某些自然现象，例如空气的温度、海水的蒸发、冰川的消融与形成，以及森林的碳排放。每过几年，由此得出的大量数据和调查结论会反馈到由IPCC（联合国政府间气候变化专门委员会）实施的地球健康检查中，而2007年发布的检查结果令人非常沮丧。[②]

根据IPCC的调查结果，目前全球变暖是毋庸置疑的，而人类活动"极可能"是罪魁祸首。海洋水域的变暖至少已经深入3 000米以下，在这个过程中，海水受热膨胀导致海平面升高。山岳冰川正在退化，两个半球的积雪也正在缩小，由此产生的融水使海平面进一步升高。通过地球这些至关重要的机能的改变，人们可以感觉到这些变化。在全球不同的区域，降水类型、风力和气温走势都在偏离历史上既定的标准。生物和生态变化的初步影响也非常明显，例如，在最

近三四十年间，很多物种一直向极地迁移，平均每十年迁移6 000米。并且，在北半球的温带地区，像植物开花和动物产卵这样的季节性事件似乎每十年也会提前2~3天。除了全球变暖，似乎没有什么原因更能解释这些现象了。

人类的未来看似十分暗淡（参见"预测地球"，第18页），然而，对于这些令人沮丧的现象，我们需要谨慎对待。虽然大多数预言都建立在计算机对地球气候精确模拟的基础之上，但是，这门科学目前仍在摸索中。直至1985年，全球气候模型才有了充分的可信度。而1989年诞生的超级计算机，其功能强大到足以模拟陆地、海洋和大气之间相互作用的一系列连锁效应。每年用于研究气候变化的经费不菲，其中大部分用在了模拟地球的不同要素在未来发生各种情况时会如何运转上。这些模型并没有告诉我们未来会怎样，它们告诉我们的仅仅是未来的一系列可能性。它们还为我们提供了一种与众不同的视角，让我们能够深入了解地球运行时的奇妙与复杂，并且揭示了地球作为一个独立的自动调节系统是怎样应对突如其来的变化的，正如地球上的生物对变化做出的反应一样。更重要的是，这些模型显示了地球的薄弱环节。在某

[①] 2023年4月21日，世界气象组织发布了《2022年全球气候状况》并指出，2022年的全球平均气温比1850—1900年的平均水平高1.15℃。——编者注

[②] 自1990年发布第一份报告以来，IPCC每隔五至七年就发布一份该报告。2021年，IPCC发布了第六份报告。——编者注

左图　亚马孙雨林已经存活了数百万年，但在22世纪，它受到的破坏可能将无法挽回。

预测地球

根据目前的趋势，在未来50年或更久远的时间内，全球平均气温预计将会上升2℃~3℃。这将使地球气温不仅远远高于人类文明所历经的气温，还高于300万年以来地球上的气温。到21世纪末，地球气温很可能会上升4.5℃或者更高。这个升幅对于21世纪末的世界将意味着什么，我们并不完全清楚，但是，全球气候模型——气候科学的"水晶球"，将会提供一些可能发生的情况的信息。由于高纬度地区将承受温度上升所带来的冲击，地球上很可能会出现一个无冰的北极地区。全球平均温度将上升4℃：赤道附近的海洋及其沿岸的气温将普遍上升3℃左右，温带地区气温将会上升超过5℃，极地气温将会上升8℃。正如我们所看到的那样，加拿大北部、阿拉斯加和俄罗斯的气候正在持续地变暖，导致多年冻土层渐渐融化，这些地区的建筑物和公路也因此遭受巨大损失。随着雨雪量的大幅度增加，

地球 行星的力量

全球气候不仅会变得更加温暖，而且会更加潮湿。与此相反，亚热带地区的降水量将会减少30%，这将导致大片土地干旱：从欧洲附近的地中海沿岸和非洲北部起，经过中东地区，一直延伸到中亚。另一个干旱地带将覆盖非洲南部。随着土壤肥力和农作物产量的下降，这些地区将会不断出现重大旱灾和饥荒。虽然二氧化碳浓度上升会使水稻和玉米等农作物快速生长，然而，气温的升幅一旦超过3℃，谷物产量就会开始下降。事实上，如果气温升高超过4℃，那么澳大利亚就有可能因为气温过高或气候过于干燥而使农作物不再生长；如果气温上升超过6℃，甚至连温带地区的农业生产都会受到威胁。同时，随着气候变暖和风暴路径的移动，纬度较高的地区很可能会变得更加潮湿，飓风也很可能变得更强烈。这一切都意味着，气候相对温暖舒适的欧洲，也会感受到全球变暖所带来的影响。据推测，横跨整个欧洲大陆且具有毁灭性的洪涝灾害将变得更加频繁。在欧洲北部，与寒冷有关的死亡事件预计会在22世纪减少，相比之下，欧洲南部的高温和严重的旱灾可能每年会使成千上万人丧生。炎热干燥的环境意味着森林火灾将会更加严重，而近年

来，这种火灾对诸如葡萄牙这样的国家的影响越来越严重。即使气温仅上升3℃，也会给地中海沿岸的欧洲国家造成每十年一遇的毁灭性旱灾，使数十亿人面临水资源的严重短缺，而居住在北方的居民也躲不过这炎热的天气。2003年，欧洲北部经历了500年以来最炎热的夏天——当时的温度只比平常升高了2℃~3℃，但引起的热浪却使2.5万人丧生[1]，给森林和农田带来的损失高达150亿美元。到21世纪中叶，巴黎或伦敦正常的夏日都会像2003年一样炎热。

总之，欧洲一直在对周围的极端天气进行长期监测。极端天气很可能会对我们现在的生活方式产生重要影响。每年，欧洲北部的民众会涌向地中海附近，形成全球最大的单一客流量，并于2000年占到地中海地区游客总数的1/6。每年都会有1亿人来到这里，他们每年的总消费大约是670亿英镑，但这种状况不会一直持续下去。在将来，当欧洲南部和非洲北部变得炎热干燥的时候，这批游客就会放弃地中海这块度假胜地。他们也不会把目标转移到更凉爽的滑雪度假村阿尔卑斯山脉地区，因为那里的积雪和冰川正在逐渐消失，这同样威胁到了许多山区度假村。未来的度

假者似乎不大可能把目标转移到气候日渐变暖的波罗的海附近的塔林、里加或格但斯克。

①具体死亡人数有不同的统计方法和估算值，例如英国气象局估计1.5万人丧生，参见：The heat-wave of 2003,https://www.metoffice.gov.uk/weather/learn-about/weather/case-studies/heatwave#:~:text=More%20than%2020%2C000%20people%20died,countries%20experienced%20their%20highest%20temperatures。有研究估算为7万人丧生，参见：Robine,J.-M.,S.L.K.Cheung, S.Le Roy,H.Van Oyen,C.Griffiths, J.-P.Michel and F.R.Herrmann, 2008: Death toll exceeded70,000 in Europe during the summer of 2003.Comptes Rendus Biologies,331,171-178,doi: https://doi.org/10.1016/j.crvi.2007.12.001。——编者注

左图　这是西班牙和葡萄牙大部分地区2004年夏季的地表温度卫星图像。图中温度较低的地区显示为蓝色，温度较高的地区显示为红色。2004年7月1日记录的最高地表温度为59℃。

些危险区域，气候变化有可能使重要系统出现故障。因此，我们不妨称它们为地球防御系统的"阿喀琉斯之踵"[1]。我们前面已经提到过其中一个致命弱点——西伯利亚的泥炭沼泽，接下来我们将介绍地球的其他致命弱点，并展示我们的地球如何以错综复杂的方式运作，既稳健可靠，又令人担忧不已，因其具有不可预见性。

中毒的肺脏

亚马孙雨林为地球上的生物举办了最隆重的庆典，为这颗星球上 1/3 的陆地生物提供了家园，小到昆虫，大到美洲虎都能在这里找到栖息地。亚马孙雨林中的动物丰富多样，植物绚丽多姿，造就了这里名副其实的自然奇观。世界上的热带雨林通常被形容为"地球之肺"，但事实上并非如此，它们释放的氧气很多，消耗的也不少，它们在提供氧气方面是中性的。虽然全世界的森林能够吸收大气层中 25%~30% 的二氧化碳，但亚马孙雨林仍然是主力。当二氧化碳含量升高的时候，热带雨林就开始枝繁叶茂，如同温室里茂盛的植物一样快速生长。但是，亚马孙雨林和全球变暖之间的默契是临时的——只要超出一定的临界点，雨林就有可能被扼杀。

① 阿喀琉斯之踵，原指阿喀琉斯的脚跟，因为是阿喀琉斯唯一没有浸泡到神水的地方，所以是他唯一的弱点，后来在特洛伊战争中被人射中致命。现在一般是指致命的弱点、要害。——译者注

右图　在这个互联互通的世界里，传说中的撒哈拉沙尘暴是一条至关重要的纽带——风携带着沙尘从大陆吹向远方，为远在亚马孙河流域的森林提供丰富的养料。

序言

21

亚马孙盆地或许处在灾难的边缘。目前，它所覆盖的区域和美国大陆差不多大，但是，每年大约有15 000平方千米的亚马孙森林（和威尔士的面积差不多大）被烧毁或采伐，腾出来的空地被用于养牛、耕种或其他方面。更重要的是，择伐——砍去一两块林地的树木，同时保留其他林地，人们认为这种做法有益于环境——很可能会使以上数据加倍。而且，当人们砍伐或焚烧雨林的时候，残留下来的木屑、树根和落叶就会被分解，将储存下来的二氧化碳重新排放到大气中。如今，亚马孙的森林砍伐每年向大气中增加5亿吨的碳排放量。随着地球气温的升高，破坏森林的微生物将会更加猖獗。许多科学家认为，在今后的50年或更久的时间里，亚马孙雨林将会从二氧化碳的主要消费者转型为二氧化碳的主要生产者。当这一切发生的时候，亚马孙雨林所排放的大量二氧化碳将会使全球气温进一步上升。通常情况下，仅仅是全球系统的一部分发生变化，都会对其他地区产生难以预料的影响。

长期以来，人们认为亚马孙雨林有很强的抵御能力，足以应对突如其来的变化，因此，以上顾虑得到了缓解。毕竟，自5 500万年前过量的甲烷被泄漏之后，亚马孙雨林就一直在持续地清洁大气。人们认为，在最近的多次冰期，在气候比较干燥的时候，全球的森林退化成了一个个偏僻的小树林，成为"避难所"。隐居在这里的新物种默默地进化着，等到气候变暖的时候，它们会再次探出头来，使大自然重新恢复生机。新的研究表明，亚马孙雨林在冰期经历了干冷气候的折磨，丝毫没有受到损伤。然而，经过砍伐后的亚马孙雨林植被并不能轻易恢复，今天，面对前所未有的变化，它似乎全然没有准备。最极端的情况表明，这片未经开发的荒原将会在未来消失一半。这

片存活了数千万年的森林可能会在一个世纪内遭受不可挽回的损失。

流沙

撒哈拉沙漠的风沙是奇特而壮观的。如哈布风暴，这是一股来自苏丹的沙尘暴，它能形成一面明黄色的高达3 000米的沙墙，紧接着，这面墙就会迅速倾倒。还有萨姆风，根据古希腊作家希罗多德的记载，这种沙尘可以吞噬整支部队。他曾写道，有一个国家"被这股邪风激怒了，于是对它宣战，他们全副武装，列队出发，结果很快被这股邪风彻底地埋葬了"。再来看看哈马丹风，当这片"黑暗之海"像一片红雾从西边刮过撒哈拉，再像洪水一样涌向陆地，甚至能抵达遥远的英国的时候，空中会出现深红色的泥浆，以至人们曾经误以为是血。哈马丹风向西边刮去，虽然它最强劲的势头会在大西洋上空消散，但它所携带的大量红色尘埃——数百万吨泥土——横扫而过，随后被带到大气层的高处，最终像下雨一样倾泻在亚马孙河流域。正是因为矿物质粉末被不断运送到这里，亚马孙河流域的土壤才能变得如此肥沃。几千年来，这种跨越大洋的营养物供给使雨林得到滋养，使这里的生物种类不断增加。然而，随着全球变暖，这种状况有可能会改变，因为大沙漠的变幻莫测似乎超出了我们的想象。

撒哈拉沙漠看起来就像世界地图上一块广袤的中央地带。但我们惊奇地发现，它是在6 000年前才形成的。当时，由于地球轨道参数的微妙改变，导致吸收的太阳辐射强度出现了分配上的微小变化，从而使形成非洲季风的赤道风暴减弱。在几十年内，曾经为非洲北部大部分地区提供水分的降水带退到了南部，

上图 2005年飓风季的轨迹显示了这些飓风生成于大西洋热带水域。这次的飓风季打破了一个又一个纪录：命名最多的风暴、大西洋气压最低的风暴、12月持续时间最长的飓风等。

大片林地和沼泽变成了干燥的荒漠。在接下来的几个世纪，沙漠地区的流沙同样向北扩散，于是，曾在这片肥沃的撒哈拉中心地带耕作的人类祖先不得不离开这里。一部分人向东迁徙，在一个曾经是一片泥泞的河谷定居下来，就这样，尼罗河文明和法老时代开始了。而其他人仍然留在偏远但有可用水源的避风港。但在2 000年前，只有一小部分吃苦耐劳的人继续留

在那里与沙漠抗争：他们是葛拉玛提亚人，身为驾驶战车的能手，他们阻止了罗马帝国的南下。但在他们的另一侧，沙漠的漫延却势不可当。到公元500年，葛拉玛提亚文明消失了。这个民族散居到各地，并以游牧为生。他们的遗址被埋在了沙漠下面。由此可见，地球上仅仅一个微小的变化，就能对人类历史的变迁产生巨大影响。

今天，绵延起伏的沙丘和广袤无垠的沙海使撒哈拉沙漠成为最具代表性的沙漠。但是，根据气候模型，这里有可能即将繁花似锦。从表面上看，虽然撒哈拉北部很可能变得更加干燥，但是，热带地区温度的上升必定会使非洲夏季季风增强，因此，在未来的几十

上图 威尼斯是众多海拔较低的海滨城市之一，在 22 世纪，这座城市将可能因海平面升高而被永久淹没。

年里，萨赫尔和撒哈拉内陆地区可能会再次恢复正常降水。降水将会促进植物生长，植物又会吸收水汽，使空气变得潮湿，进而引起更多降水，这是一种重生的自我维系的循环系统。但是，在这个相互联系的世界上，凡事都有两面性，当植物牢牢地抓住松软的地面，逐渐在曾经容易破碎的土层中扎根的时候，撒哈拉风暴将不再携带沙尘，因此，当它越过海洋，不再给亚马孙带来充足的矿物质时，亚马孙雨林将会被摧毁。

撒哈拉风暴很可能带来意外的效果。在威力强大的沙尘暴横扫海洋的那几年里，很少看到有飓风袭击加勒比海和墨西哥海湾。因此我们有理由相信，非洲的沙尘暴可能已对可怕的飓风风暴系统产生了抑制作用。当空气中灰尘相对较少的时候，极具破坏力的飓风反而更容易出现。可见沙尘暴的出现对飓风是有影响的，尽管飓风凶猛的能量来源于对分散地球热量起主要作用的海洋而不是风。

消融

墨西哥湾流在流经墨西哥海湾时会形成漩涡，但它们不仅仅是飓风的能量来源。它们从赤道地区向北部奔流，穿过大西洋，流向欧洲西部和北极附近，在流动的过程中，它控制着流经地区的气候。这条墨西哥湾流仅是全球洋流的一个分支，它像传送带一样绕着地球流动，把热量从热带地区往别处传送，并进行重新分配，维持着全球的热量平衡。所有的气候模型表明，当洋流的流速变慢时，全球就会变得凉爽；一旦洋流停止传送，那么地球将会患上"重感冒"。因此，关于北大西洋水域盐分减少的报告引起了一些海洋科学家的担忧，他们担心格陵兰岛和北极融化的冰层会使洋流的流速变得缓慢。还有迹象表明，在过去 50 年里，北大西洋向北传送的热量减少了 30% 以上。对欧洲居民来讲，洋流流速的减缓可能一开始会降低未来全球变暖所带来的温和气温，但它可能会让热带和南半球变得闷热。而且，如果我们指望借助强大的洋流来驱除空气中大量的二氧化碳和热量，这从长远角度看，短暂性的寒潮反而有可能加快全球变暖的速度。

关于最后一个冰期是如何结束的研究证明，流入大西洋的淡水能够使洋流传送的速度变慢。大约在 12 000 年前，由于冰层衰退，融水突然间剧增，而在过去，加拿大东部、新英格兰地区和中西部大部分地区都被封存在厚达几千米的冰层下面。这些融水流入北大西洋，使得全球气温开始急速下降。世界刚刚从冰期中缓慢爬出，就又被突然送回到冰封的世界长达千年——这是冰封世界的最后一次欢呼。今天，虽然大面积的湖泊融水已经从北美消失，但北极的格陵兰岛冰盖仍储存着大量的淡水。

距离地球最后被冰川覆盖已经过去了 10 000 年，在此期间，大量积雪重新结晶成冰，几乎未被干扰和改变。长期以来，地质学家认为积雪融化需要几个世纪乃至几千年，但是现在，一些科学家认为，庞大的冰川已经接近导致整个冰层完全融化的临界点。然而，关键还在于细节，因为每个季节的测量结果都会在一些方面显示出巨大差别，比如，空气和冰的温度、产生融水的水量，以及巨大冰块本身的移动速度，这些变化都代表着复杂的自然系统，从中来识别有意义的演变趋势是非常困难的（有时是冒险的）。尽管如此，清晰而连贯的信号正在浮出水面。在后面的章节中，我们会发现格陵兰岛的冰川正在迅速发生改变。

根据一些气候模型的预测，即使温度的升幅不到 3℃——北极附近在几十年内可能会发生这样的变化——冰川也会开始迅速融化，并最终导致全球海平面上升，上涨的海水足以淹没 4.3 亿多人赖以生存的陆地。美国佛罗里达州一半的地区将被淹没，太平洋和加勒比海的小岛将会消失，在一些地势较低的海滨城市，如东京、上海、香港、孟买、加尔各答、卡拉奇、布宜诺斯艾利斯、圣彼得堡、纽约和伦敦，海水将会漫过人们的腰部或膝盖。

在南极洲，水的储量更大，全球 60% 以上的淡水都被冰封在那里。如果南极冰川融化，海平面有可能会上升 60 米。虽然南极东部大面积的冰川在短期内融化的可能性不大，但是，南极西部面积较小的冰层已经发出了预警。2002 年，一块面积和罗得岛相近的冰架从南极西海岸分离出去，打开了一个可能被冰封了 12 000 年的海湾。令人担忧的是，即便部分冰层被固定在坚固的岩石上，它们也会很快变得不稳定，因为南极西部的大部分基岩位于海平面以下。这个沉睡的巨人如果真的苏醒过来，将会使地球气候突破一个危险的临界点。

地球村

　　2007 年，全球城市人口首次超过了农村人口。几千年来，城市规模都由疾病限制着，然而，随着 18 世纪医疗水平的提升，城市迅速扩张，农村人口大量涌入城市，出生率和死亡率之间出现了新的不平衡，导致城市人口迅速膨胀。19 世纪末，首次发展起来了人口超过 200 万的"超级城市"。到 1950 年，地球上出现了第一批两个"特大城市"——伦敦和纽约，人口都超过了 800 万。半个多世纪之后，全球有超过 25 个特大城市和几百个超级城市，这些大城市日益扩张，必然会产生一个新词"metacity"（尽管有些人更喜欢称为"hypercity"），用来形容人口超过 2 000 万的城市。[①] 如今，只有东京无可争议地超过了这个门槛（墨西哥、首尔和纽约尚没有进入这个门槛），但到 2025 年，仅亚洲就会有 10 个或者 11 个特大城市，西非也会有相似的增长速度。20 年后，将有超过 5.5 亿人口居住在城市，比 1990 年英国总人口还要多。[②]

　　对居住在地球上的生命而言，城市人口的激增是

① 联合国人居署《世界人口评论》发布的"2022 年全球城市规模排行榜"中，现有 11 个城市人口超过 2 000 万。——编者注

② 根据联合国人居署 2022 年发布的《世界城市发展报告》中的数据，2021 年，世界城市化率为 56%（约 44 亿人口居住在城市），到 2050 年，这一数字将上升至 68%。——编者注

右图　对大东京地区而言，为了维持该地区人民的生存，需要有一块约为日本国土面积三倍大的土地来生产农作物。

一项新的挑战。因为随着"地球村"人口的不断膨胀，人们对土地和资源的占有越来越疯狂。例如，在大东京地区，人们需要约为日本国土面积三倍大的土地来生产食物。同样，西方国家的需求也毫不逊色。据说，假如地球上的每个人都以英国人或美国人的标准来消耗自然资源和进行碳排放，那么人类将需要两个地球来养活自己。为了满足这些需求，人类开始前所未有地利用地球上的土地资源。自工业革命开始以来，在推土机和链锯的助推下，地球上一半的土地都被人类直接占有和利用。在同样三个世纪左右的时间里，世界人口数量以 10 倍的速度增长，达到了约 60 亿[①]——"人口大爆炸"向我们的星球提出了极限挑战。当城市在大规模扩张的时候，我们这个不可预测的星球可能会发生大规模的自然灾害。由于地壳本身不够坚固（或是太空残片的轻微撞击）而引起的地震和火山喷发会对城市造成直接冲击，很可能会导致数十万人甚至数百万人死亡，暴风、洪水和长期干旱将会摧残几千万人。当然，在地球自然力量变幻无常的背景下，人类正怀着恐惧心理进行着有关地球防御系统的化学实验。

路在前方

很明显，地球正在经历不同寻常的变化，这些变化对未来世界而言意味着什么？近 50 万年来，冰川反复在地球的大部分地区前进和后退，相比之下，上述变化是否显得过于剧烈？从持续几亿年的地质变化来看又会如何呢？

在本书中，我们将为你讲述地球作为一个有生命的、会呼吸的有机体是如何运转的：它会自动调节温度，燃烧能量，持续地更新外衣，并有着一张随年龄变化的"面孔"。同时，你还会了解到地球的生命历程：它怎样诞生，又会在未来的某一天如何灭亡，它是如何通过自身的循环系统来维系生命。书中各章会侧重讲述地球的"新陈代谢"，如来自太空的撞击、火山、大气层、海洋和冰川，并探讨它们在维系地球生命过程中所发挥的重要作用。

地球幸存下来的传奇故事让人非常惊讶，它的自我修复能力也非同一般。虽然几次灾难使地球的生命保障系统衰退，让全球坠入冰冻的深渊或者转为热室，但是地球仍然顽强地存活了下来。事实上，这些濒死体验似乎已经成了地球生命中的重大转折。虽然地球在每次灾难中都饱受创伤，但它仍是一切生命的家园。

现在，这个家园似乎又一次面临危险，人类似乎正在迫使地球发生变化，使我们的地球防线变得越发脆弱。这种脆弱性与地球长期以来的适应能力形成了奇怪的对比。同时，我们每天都能听到四面八方涌来的"拯救地球"的呼声。于是在这本书中，我们提出了一个更为基本的问题：究竟是人类拯救地球，还是地球拯救人类？

---

① 联合国宣布，世界人口在 2022 年 11 月 15 日这一天达到了 80 亿。——编者注

左页图　人类在改造地球时对其进行了严重破坏，位于西澳大利亚州的 Super Pit 金矿就是个例子。这已经引起了很多人的争论，他们认为我们已经进入了一个新的地质时代：第四纪（"人类世"）。

第一章

撞 击

人类居住在一个被岩层包裹的金属球上，这个球以每小时 10.7 万千米的速度在太空中急速飞驰。人类会因此开始感到不安，即使我们知道正在穿越的空间远非空无一物，也不会减轻这种不安。正如一辆全速行驶的汽车穿过拥堵的城市街道那样，地球围绕太阳运行的轨道也危险重重，因为在它运行的路上遍布着数百万个抛射物的轨道，这些抛射物小到鹅卵石般大小，大到与乌克兰国土面积相当。过去 45 亿年间（关于这个难以描述的时间跨度，我们稍后还会讲到），地球一直在这个星系"射击场"中又快又平稳地穿行，因此，它在途中遇到一些碰撞甚至偶尔会遭受迎面撞击也不足为奇。事实上，像这样的宇宙连环撞击事件却是地球故事中最核心的部分。我们可以看到，自地球诞生以来，地球外部这些天体的撞击一直是这颗行星变化的推动力，直至使它成为适宜人类居住的星球，并为我们提供生命的要素，甚至提供了生命本身。然而，很少有人在仰望天空时会感到地球旋转时自己如同发射的炮弹被甩出去，因为在重力的无形拉拽下，我们被固定在了这个星球上。满天星斗的夜空下闪烁着熟悉的星座，太空里的这个蓝色小圆点则静静地移动着，周边的任何喧嚣、撞击和变幻无常似乎都与它毫无关系。然而，总有行星会不时地"骚扰"它几下。

1994 年 7 月 16 日是首次完成载人登月任务的"阿波罗 11 号"发射 25 周年的纪念日。同一天，"苏梅克－列维 9 号"彗星与木星相撞，这次撞击完全在人们的预料之中。这颗彗星是美国天文学家尤金·苏梅克和他的妻子卡罗琳以及天文爱好者戴维·列维在 1993 年发现的。事发几十年前，这颗来自外层空间的冰质天体被吸引到木星轨道上，并开始沿着这条轨道缓慢绕行，这也预示着一场即将来临的灾难。然而，这次撞击的特征还是出人意料的。首先，这颗彗星的体积并不是很大。当"苏梅克－列维 9 号"彗星靠近木星的时候，木星以其惊人的引力将彗星撕裂成 21 块碎片，这些巨大的碎片排成

| 左页图　夜空中的彗星。例如，1996 年 3 月那颗彗星是一个巨大的冰雪球，来自太阳系遥远而幽深的角落。它们为人类提供了水和热量，但偶尔也会对我们的家园造成巨大的破坏。

一排，小的直径约 300 米，大的直径约 2 000 米。[①]
在接下来的几天内，全世界数百个天文台的天文学家都在观察这些碎片连环向木星的南半球撞去。天文学家通过哈勃天文望远镜目睹了这场惨剧：彗星碎片连续落入木星大气层，每一次撞击都能产生巨大的火球，木星表面升腾起夹杂着残片的羽状云，并在木星的最上层留下了大片深色划痕。这次大规模天体撞击让科学家激动不已，正如一位天文学家后来所说："我们本来想要用望远镜来观察……但爆炸就发生在我们眼前……太难以相信了。"威力最大的一次撞击要数一块名为"彗核 G"的碎片，它以释放出相当于 6 万亿吨 TNT 炸药的能量——是当时所有核武器的 750 倍——撞向木星。虽然"彗核 G"的大小仅有一座小山那么大，但撞出的火球有地球那么大。

对那些观看的人来说，"苏梅克－列维 9 号"撞击木星的壮观场面是一次令人警醒的现实检验。在那一刻之前，我们所生存的太空一角似乎是一个安谧的憩息之所，但是现在，地球因表面没有任何庇护而显得不堪一击。假如当时这颗彗星撞到的是地球而不是木星，那么就会是一次文明终结的事件了。相反，我们在 4 200 万千米以外的安全地带观看了一场现场演出，这证明宇宙实际上是个充满暴力的地方。

暴力的诞生

长期以来，人们认为地球的诞生同水星、金星和火星一样，都是有规律可循的。当时，一个由炽热旋转的气体与尘埃形成的星团围绕着新生的太阳，这些物质逐渐有规律地冷却凝结成固体。在太阳星云的内部，新的行星和飘荡的碎片之间偶尔会出现激烈的碰撞，但总体而言，这仍然是一个相对轻松的诞生过程。

现在看来，早期太空中似乎比较混乱，随机碰撞被认为是内行星（甚至可能是外行星）形成的主要过程。根据这一"星子理论"，太阳星云表面笼罩着一层混乱的微尘粒，其中的尘粒黏合在一起，集结成块状物；块状物聚集在一起，形成了直径为 1 米左右的岩块；最后，岩块又聚集成直径在 1 000 米左右的天体——星子。随着时间的推移，少数星子的直径会增大到几百千米或数千千米，并最终演化为星体。逐渐变大的星体会撞击到周围的残留碎片并将它们吞噬，这就是行星之间的相残，也被称为行星同类相食现象。

计算机模拟程序显示，内太阳系的岩石行星（水星、金星、地球和火星）就是以大鱼吃小鱼的方式形成的。在这个过程中，约有 100 个月球大小的天体、10 个水星大小的天体和若干个火星大小的天体被吞噬。目前，地球的质量有 1/2 ～ 3/4 的部分是由巨型天体吸积而来的。倘若这些天体当时没有屈服于地球不断膨胀的"食欲"，它们自身就会演变为成熟的行星。事实上，大多数天体已经具备了完全成形的金属内核和一个岩石外壳。当它们与地球发生撞击时，外壳破裂后就会释放出巨大的热量，从而导致自身大面积熔化，而相撞的金属内核的碎片就会熔接，很容易地和碰撞的岩石地幔结合在一起。因此，通过收集碎片，并把这些碎片进行重新组装，地球就会迅速变大。

[①]《中国大百科全书》第三版网络版"天文学家说'世界模式'"词条中记载，这颗彗星在 1992 年 7 月 7 日绕木星运行时，在木星巨大的引力作用下解体成了 21 块直径在 1~10 千米的碎片。——编者注

右页图　木星表面涡旋的大气层上的深色斑点是1994年"苏梅克－列维 9 号"彗星与木星相撞时抛向太空中巨大的羽状碎片。

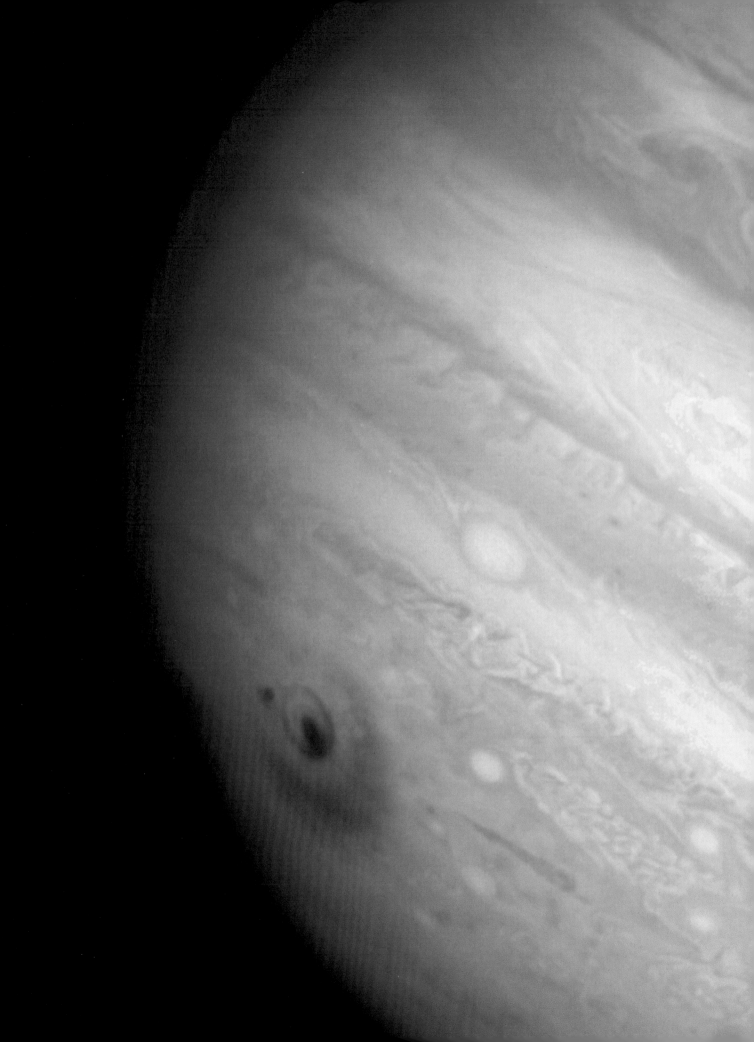

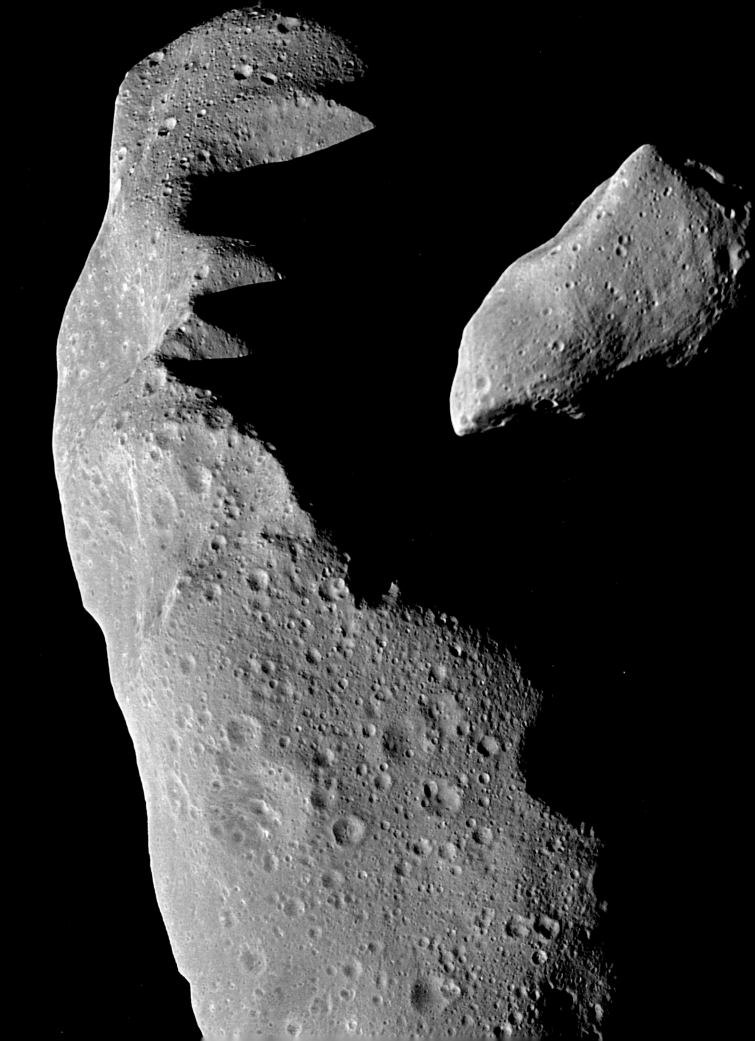

右图 2001 年 2 月，"会合 – 舒梅克号"无人驾驶探测卫星和爱神星相撞。图为撞击之前拍摄的爱神星的照片。

左页图 小行星依达（大）和盖斯普拉（小），是伽利略号木星探测器于 1993 年 8 月分两次拍摄的。

只有供给区域被清除殆尽，内太阳系几乎没有行星体残留，日益膨胀的地球与其相邻的、有类似胃口的 3 颗行星的食欲才会得到控制。

但是，也有很多行星碎屑留在了其他地方。按照惯例，围绕太阳运行的大量岩石碎屑被称为"小行星"，它们大多在内太阳系的外侧。这是一些从未真正形成行星的卵石和砾石，或者说，它们已经形成，又被撞碎了，回到了它们之前的运行方式。木星的质量是其他所有行星质量总和的两倍还多，所以这颗巨行星一直在守卫着这些在太空中飘荡的砾石。木星的质量是地球的 318 倍。就像一块巨大的引力磁铁，木星会把飘荡的岩石块和金属块从内太阳系的轨道上吸引出来。而大部分碎屑被困在小行星带里，这块空旷的区域是无数小行星的发源地。

例如，有时会有 100 万个直径为 1 000 多米的岩体聚集在这里。在木星的保护下，地球避开了大部分到处飘荡的碎片。虽然我们的守护者已经尽了最大努力，但还是会有一些"漏网之鱼"。每隔几千年，木星和土星之间就会发生一场引力拉锯战，这就使一些小行星获得足够的动量来摆脱木星引力的控制。它们飞离原来的轨道后会沿着新的轨道运行，其中一些必然会穿过地球轨道。它们中的大部分会毫发无损地

撞向太阳，但是，在这些穿越地球轨道的小行星当中，仍有大约 1/3 会撞到我们的星球。

木星所处的位置很接近"雪线"。雪线是太阳系中的一条隐形分界线，可以把内太阳系中由尘埃、岩石和金属构成的天体与外太阳系中含有大量气体和冰层的天体隔离开。在雪线以外，水（氢元素和氧元素的结合体，是宇宙间最普遍的分子）主要以雪的形式存在。正因为吞噬了大量的水，木星和体形硕大的土星才会膨胀为巨大且充斥着风暴的气体世界。在这些气态巨行星以外是太空中更为寒冷的地方。在那个冰封的世界里，还有天王星和海王星，以及被降级为矮行星的冥王星。在我们太阳系这些寒冷的地方，还有行星诞生之初遗留下来的"建筑废料"，主要是巨大的雪块、冰冻气体与尘埃。这些飘荡在太空中的冰冻块状物表明，我们的星球将面临另一个巨大的威胁：彗星。

彗星

数百万颗彗星滞留在"柯伊伯带"，这是海王星以外的一个黑暗而神秘的区域，但数十亿颗彗星栖息在"奥尔特云"这个更为遥远的区域，那是一个充斥着冰冷残骸的球形晕圈，位于我们太阳系的边界之外。彗星的体积巨大，直径达数百千米。这些巨大的雪球在遥远的太空形成之后，就会沿着漫长的轨道自由地飞向太阳系的中心。每当它们靠近太阳时，太阳风就会蒸发掉它们表层的大部分气体，由此产生的雾化尾迹使彗星具有了独特而明亮的尾部。在多次飞过太阳边缘之后，彗星冰冻的表层有可能会被完全蒸发，只

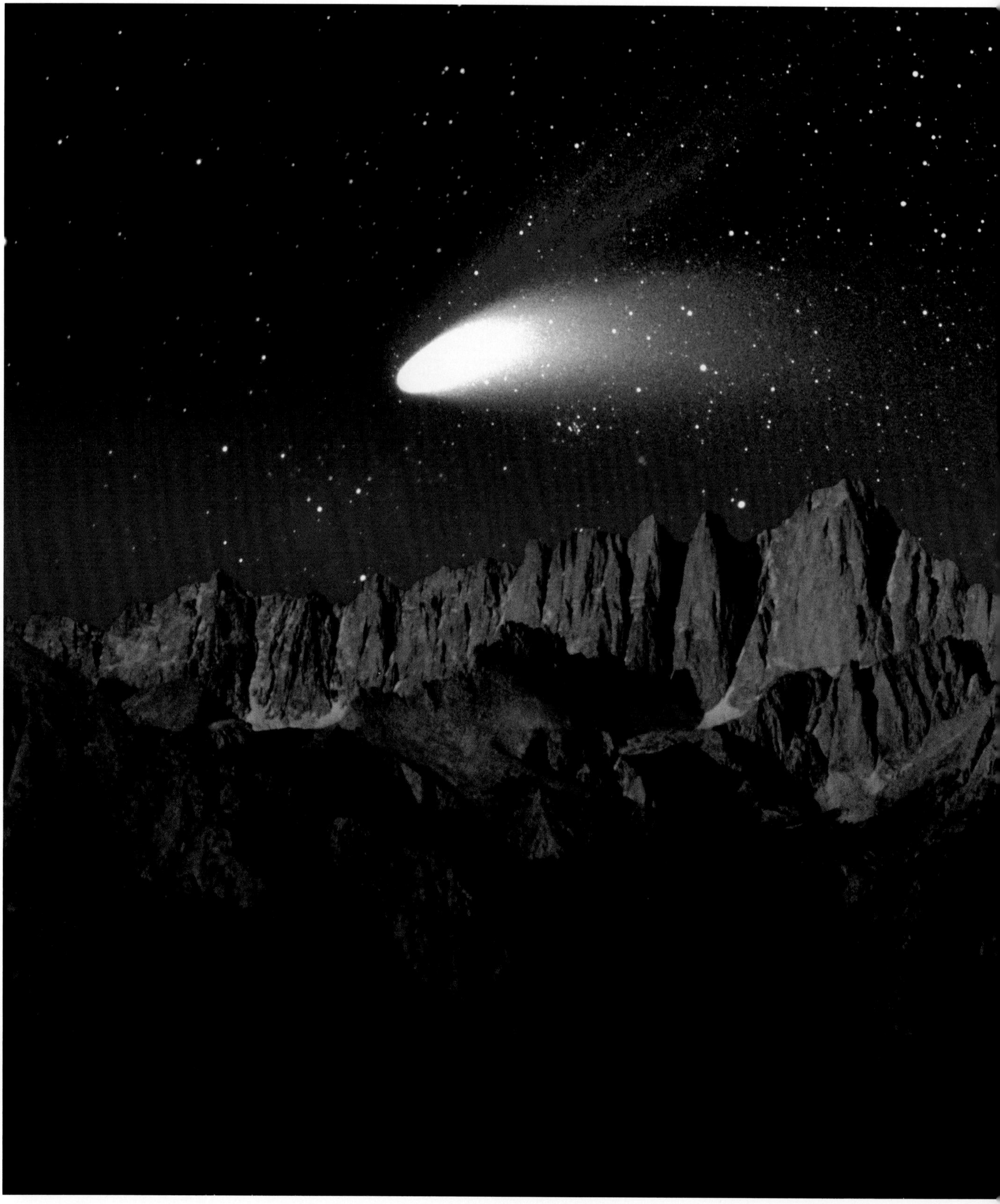

剩下一个与小行星非常相像的碎石内核。然而，彗星的运行速度约有 70 千米 / 秒，比一颗普通的小行星快三倍，因此，彗星本身巨大的能量使它们很有可能与其他行星发生撞击。这也正是"苏梅克－列维 9 号"彗星会与木星相撞的原因。

从古代起，彗星就被看成灾难的先兆。长期以来，它们一直是恐惧和迷信的源头：从罗马皇帝尼禄的偏执狂到阿兹特克帝国的瓦解，都被认为与彗星脱不了干系。甚至到了今天，彗星仍然是宗教复兴和大规模自杀关注的焦点。许多彗星（尤其是那些在柯伊伯带"附近"形成的彗星）会在几十年到两个世纪的周期内围绕太阳运行，因此是我们的常客。实际上，人类已经对彗星的路径做了充分的研究，并得知这些常客几乎不会给地球带来可预见的危险，而更难测量的是那些来自太阳系以外的彗星的习性。在太空深处气体云的引力牵引下，它们被挤出偏远的轨道，随后在接近太阳的椭圆形轨道上疯狂地向我们飞驰。有些彗星要用很长时间才能走完它们的轨道，这就是说，从人类历史的角度来讲，它们的飞行是一次单程旅行。这些昙花一现的彗星无声无息地突然出现在太空的幽暗处，事先无任何征兆，并以飞快的速度行进，仅提前几个月向我们发出警告。而且，因为它们尚未经历过多次靠近太阳的筛选，所以可能会突然以巨大的规模出现在我们的面前。1997 年，"海尔－波普"彗星成为夜空中最突出、最耀眼的一颗彗星，它的周长最短达 25 千米，最长可能超过 70 千米。值得庆幸的是，这颗巨型彗星虽然进入了地球轨道，但它是在太阳系

左图　1997 年，在加利福尼亚州内华达山脉，"海尔－波普"彗星的雾化尾迹发出明亮的光，照亮了惠特尼山连绵起伏的山峰。

宜居带

在好莱坞影片《太阳浩劫》中观众可以看到，随着太阳能量的逐渐衰竭，地球将因缺乏光照能源而进入冰期。为了拯救人类，重新点燃垂死的太阳，装有一颗能毁灭曼哈顿的核弹的宇宙飞船被派往太阳。虽然指出这些观点的错误有点不够礼貌，但是当太阳在燃烧殆尽时，它的温度实际上会越来越高；或者注意到由于太阳每秒钟释放出相当于 40 亿颗氢弹爆炸所产生的能量，我们邻近的星球提供的能量可能还不足以完成任务，然而，影片着重强调地球对太阳绝对的依赖。实际上，地球上的所有生命都因为太阳的光芒而存在：它为每一棵植物提供能量，并维系每个动物的生命。假如我们能够利用这个太阳发电站输出的能量，哪怕只有一秒钟，就能满足全世界 100 万年的能量需求，那是因为每秒钟都有 500 万吨太阳质量转化为纯能量。幸运的是，对我们来讲，太阳只走完了能量供应的一半路程，稍后我们将在本书中确切地说明，当太阳能量最终消耗完的时候将会发生什么。

现在，我们只管欣赏美丽的日出和日落，同时也可以思考一下：这就是我们在 1.5 亿千米以外所看到的核聚变威力。幸运的是，我们和这个核反应堆之间的距离恰到好处，刚好有利于维持生命。要是更近一些，地球就会像金星那样被烘烤，金星表面热得几乎可以燃烧；要是更远一些，地球又会像火星那样被冻结，而冻结厚度达数千米。天文学家把太空中的这块狭长地带称作宜居带。地球在这个狭长区域内存在了 45 亿年，如果不是这样，人类将不会存在。实际上太阳可以有各种不同的尺寸，但事实证明，它现在的大小比较理想。太阳的体积十分庞大，如果把地球放在太阳内部，你会发现太阳的体积至少比地球大 100 万倍。假如太阳的体积更大一些，那么，在地球上的复杂生命出现之前的几百万年内，地球就已经把能量消耗完了；如果太阳的体积更小一些，这颗适宜人类居住的星球就必须离太阳非常近，这样一来，我们就有可能陷入重力锁定的状态，结果是，地球只有一面可以持续地沐浴阳光。我们碰巧发现自己与一颗理想大小的恒星之间保持着理想的距离，长期以来，它以一种稳定的速度释放着地球上的生命所需的能量。

下图 等离子体喷流（带电气体原子）从太阳灼热的表面喷出来。这样的喷发会对地球造成破坏，从而使我们的通信陷入混乱。这幅图像是通过具有极高能量的紫外线光波拍摄的，因为肉眼看不见，所以我们在这里用蓝色来表示。

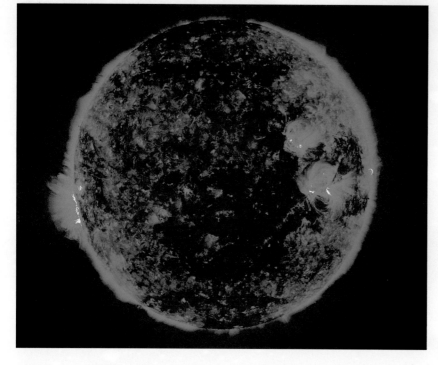

的另一边。假如这颗和伦敦面积差不多大的大冰块撞到了地球，那么我们的星球可能已经毁灭了。

这些都为像《天地大冲撞》或《世界末日》这样的好莱坞影片提供了素材——一场来自太空日益逼近而又不可避免的毁灭。具有讽刺意味的是，在地球的历史上，小行星和彗星具有一种稳定性力量，它们甚至还会赋予地球生命。从诸多方面来讲，地球的生命历程是从它自身所经历的大撞击开始的。

一颗孪生星球的灭亡

按照我们目前的说法，在太阳系中，地球和它的邻居都是从一连串撞击中幸存下来的——这些撞击是随机的，最终也是独一无二的。每颗行星都有它自己的撞击史，由此形成了独特的化学构成元素和轨道运行特性。水星很可能和另一个星体发生过一次碰撞，该星体的大小约为水星的 1/5。水星表面的大部分岩层被剥离，只剩下一个明显的巨大无比的内核。火星轴的剧烈晃动（在几百万年的时间里，从 0° 倾斜到 60°）是由一次撞击引起的，金星的反常逆向自转也一样。甚至外行星——土星和木星这样的气体巨星，以及天王星和海王星这样的冰质巨星也各自有一部展现暴力迹象的历史，例如，天王星倾倒在轴的一边，海王星的轴发生倾斜，很可能都是大撞击的结果。这场行星"弹球游戏"引起了行星的剧烈晃动和旋转。与其他行星不同的是，地球的轴发生了适度的倾斜，倾斜度也较为稳定。但很明显，这也是由撞击造成的。

很久以前，地球有一个孪生兄弟"忒伊亚"。据估计，"忒伊亚"的直径大约是地球的一半（大小和火星差不多），几百万年来，两颗行星似乎沿着同一轨道绕太阳公转。然而，两颗大行星之间的距离太近，

就意味着一场撞击不可避免，于是，大约在 44 亿年前，它们的轨道相交了，这就是行星之间的自相残杀："忒伊亚"毁灭了，它的大部分碎片都被地球吞没，余下的粉状残骸在太空中盘旋，与地球表面剥离的碎片混合在一起，形成云状物，由碎石构成的云状物最终聚集在一起，形成了今天的月球。

月球的诞生，或许是地球有史以来最重要的事件。形成月球的撞击并不是地球所经历的最后一次大撞击，但似乎可以肯定，这是地球与行星的最后一次撞击。此后，地球基本上已完全成形。

"忒伊亚"带来的额外质量使地球迅速膨胀，地核体积增大了 20% 左右，整个地球的引力足以吸引住厚厚的大气层。太阳系的大部分岩石行星至今仍然无法吸引大气层，而地球获得了合适的质量和引力，把大量水分和气体聚集到表面。撞击活动可能已将地球的原始大气层剥离，然而，一个新的大气层逐渐形成，这一次，在更加强大的引力作用下，它被吸引到地表附近。

还有其他一些显著影响。在形成初期，月球离地球非常近，就像挂在天空中的一个巨大的银色球体，看起来体积比今天大 10 倍。月球的引力牵引使地球的自转速度加快，于是地球的一天只有 5 小时。这样一来，地轴的倾斜度比以前稳定了，因为自转轴顶端回旋次数的增加可以防止行星过度倾斜。如果不是因为月球，太阳系巨大行星的牵引力会使地球的黄道倾角——赤道面与行星轨道面的夹角——在 0° ~ 80° 范围内发生变化，周期性地使地球倾斜到一定程度，这足以使两极地区比热带地区更温暖。要是发生这样的气候剧变，地球就不适合人类居住了，就像它的两个兄弟——火星和金星那样，它们的倾斜度就相当大。相反，月球的稳定引力也渐渐使地球退去了年轻时的

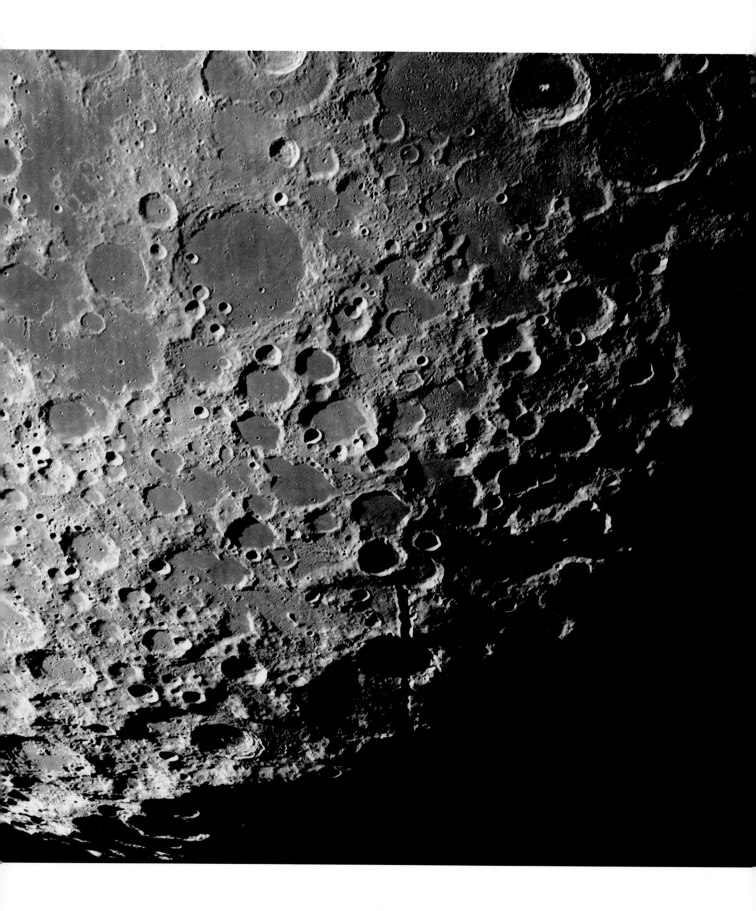

任性而平静下来，留下来的只有细微的季节变化。因此，我们今天可以感受到夏天和冬天，月球已成为地球的气候调节器。

月球的稳定至少使地球有机会成为一个适宜居住的星球，然而，这并不是这颗新卫星所带来的唯一好处。当时地球的自转速度比今天要快得多，在引力的作用下，地球也更接近月球，因此，你会欣赏到声势浩大的潮汐。月球引力吸引地球上的水远离地球，造成地球上的水暴涨，随着地球的自转就会产生潮汐。40 亿年前，月球离我们比较近，运行得也比较快，当时的潮汐引力确实非常大。4 小时的潮汐就能使海平面升高 100 米左右，并产生巨大的力量，深入地球内部。当时，地球正在经历冷凝过程。这些力量把刚刚成形的海底撕裂开来，形成新的通道，来自地底的热量通过这些通道喷涌而出。裂缝所在的位置形成了热泉，而热泉可能就是生命的发源地。我们在接下来的章节中会讲到这一点。

如果没有月球的稳定影响和潮汐引力，生命可能都不会驻足于地球。然而，这些造就生命的作用力正在减退，因为我们的邻居星球正在逐渐向远处飘移。数十亿年来，月球距离我们越来越远，目前仍在以每年大约 3.8 厘米的速度向远处飘移。这就意味着，地球早期飘忽不定的倾斜现象将会慢慢重现，从而引发灾难性的冰期，而且可以确定的是，我们终将面临一个暗淡的未来。然而现在，我们需要思考一些更积极的方面。我们恰好生活在地球历史上的这样一个时期——月球缓慢地远离地球，刚好到达使它看起来和太阳一样大的位置（这也是壮观的日全食出现的原因）。

左页图　最初的月球表面遍布着很多古老的坑洞，这些都是外行星爆炸的记录。地球可能也遭遇过这样的侵袭。

晚期大撞击事件

当人类窥探太空的幽暗角落，探测并拍摄距离地球最近的邻居行星时，一系列奇特的外来新世界就展现在我们面前了。在这些世界中，大部分和我们称为家园的行星完全不同。在下一章中，我们将探讨让我们的世界变得如此与众不同的一些特征。然而，所有行星都有一个共同点，那就是，它们都是受到太空碎片猛烈撞击而形成的。从距离太阳最近的水星，到天王星冰质的卫星，到处都是撞击留下的痕迹。从大小来看，有月球岩石样本上的小坑，也有直径超过1 000 千米的巨大的环形盆地，这些都见证着它们与目前已消失的小行星、彗星和星子之间的碰撞。为了获得关于这些从未停息的撞击的最有力证据，我们只需要看看距离我们最近的邻居星球。没有大气和水的侵蚀，月球陨石坑的原始风貌可能还会延续数十亿年，这是危险宇宙的一个持久的"快照"。

1609 年，伽利略用他的望远镜观测月球。他意识到，月球表面的环形特征是洼地，而不是山脉。月球的环形山是由爆炸形成的，还是来自地上的撞击？于是，一场激烈的争论开始了。直到 20 世纪 70 年代，"阿波罗"号登月的宇航员带回的月球岩石被发现都有撞击的痕迹，这个问题才最终得到解答。但是，关于那批首次从月球上带回来的岩石，我们有个更为复杂的故事要讲。它们基本上属于同一年代：38 亿～40亿年前。月球似乎经历过短时期的剧烈撞击，天文学家称之为"月球灾难"。这些岩石都来自月球左侧的赤道地区（对着陆飞行器而言，与轨道控制模式之间的通信使那里成为最安全的地带），因此，这些样本可能恰好是同一次撞击留下的残骸。然而，在 2000年，科学家在对十多块月球陨石进行年代测定后发现了一些相似的年代。这些陨石在月球表面被随机撞击飞离月球，之后才坠落到地球。这场灾难似乎是一次真正的泛月球事件，它现在已被重新命名为"晚期大撞击事件"。

月球上发生的事件很可能也在地球上发生过。我们和月球之间的距离非常近，足以共同经历一段相似的撞击史。但以下情况除外：由于地球比月球大10倍，地球会比月球多遭受10倍以上的撞击。即使通过肉眼，你也能在月球表面看到晚期大撞击事件留下的印记。我们称为"月海"的深色环形的地方，实际上就是巨大的撞击盆地，它的面积与法国面积相当，在39亿年前，那里发生过猛烈的撞击，之后被填满了熔岩。令人吃惊的是，它们光滑的表面上少有陨石坑，相比之下，灰白色的月球高地上却布满了古老的撞击痕。这些都告诉我们，在晚期大撞击事件发生之后，一切又恢复了平静。

从水星到火星，我们周围的星球上都有迹象表明，它们在40亿年前至38亿年前发生的撞击事件中重生了。确切地说，造成这一现象的原因仍不明了。或许，外太阳系的天王星和海王星最后一次重新调整位置的时候，大量彗星从柯伊伯带被释放出来。不论是何种原因，这些大破坏都支配着内行星。如果以月球为依据，那么地球将会有2万多个像伦敦或纽约那样大的陨石坑，有大约40个像小国家那么大的盆地，以及若干和整个大洲差不多大的陆地。重大的撞击很可能每隔一个世纪或稍久一点儿就会袭击地球。我们稍后会发现，地球表面上并不存在这种大撞击的迹象，因为地球有一种独特的治愈伤口的能力。人们所知道

的地球上最古老的岩石可以追溯到这次撞击年代，但是有些科学家认为，这一事实意味着这次撞击强大到足以熔化并重塑了地球的表面。从根本上说，地球又得到了一次重生。

晚期大撞击事件可能是生命成长过程中所需经历的创伤。因为在那些追溯到大撞击之后的古老岩石中，有令人神往的线索，它们显示出最初的神秘的生物活动迹象。一种特殊的碳元素痕迹被很多科学家看作光合作用的见证——生命的能量，这也是现代地质学中具有争议的领域之一。但对有些人而言，地球生命体的最早证明，是在行星闪电战结束的时候。彗星或小行星中富含生命的构成要素，有人认为，它们每年携带40吨的氨基酸和其他有机分子来到早期的地球上。而且，当它们撞入地球的时候，巨大的热量会被释放出来，它们将燃起最早的喜热生物，即嗜热细菌。许多生物学家认为，它们是生命之树的幼苗。在接下来的章节中，我们将继续讲述这个关于生命诞生的令人振奋的故事，但现在只需要注意一个讽刺的事实：地球上最早的简单生物可能是在撞击的混乱中诞生的。

流星

40亿年之后的今天，我们居住在一个宇宙的射击场内，这一点儿也不难理解。

在一个风轻云淡、没有月光的夜晚，最好是在远离城市灯火的地方，只需要抬头仰望天空一段时间，最多半小时，你就会兴奋地看到流星出现时的景象——突然，一道光静静地划过星光闪烁的夜空。从技术上讲，它们虽然不那么引人注目，但被称为"流星"。流星是破碎的小行星碎片和彗星脱落的尘粒撞击地球大气层外缘，并形成了滚滚燃烧、咝咝作响的

右图　虽然月球正在逐渐远离我们，但是现在的距离足以让我们欣赏到像这样几近完美的日全食。

陨石——外太空的信使

位于澳大利亚南部的纳拉伯平原，是发现陨石的最佳地区。在没有灌木遮挡，并且远离人类干扰的情况下，这些深色金属块在垂直下降的过程中被炽热的大气层打磨过，极易在澳大利亚内陆的这块贫瘠的红色土地上被发现。只有南极洲白雪皑皑的荒原才能成为一个更好的猎场。多年来，1 000多颗陨石在纳拉伯地区被找到，由于沙漠气候中的风化速度比较慢，所以，数千年来这些陨石仍然保持着当初的模样，甚至有几百万年历史的块状陨石也依然散落在这里。如果能花足够长的时间在这里漫步，你迟早会发现这些天外来客留下的碎片上隐藏着宇宙的古老秘密。

陨石是太阳系的免费样本，从它们那里可以得知一些关于人类起源的精彩故事，因为行星在形成过程中就是从它们那里获取原料的。陨石中包含的一些化学成分的比例和太阳大气层相似，而且，这些"球粒陨石"代表着迄今太阳系中所发现的最原始的物质。通过测量化学元素的放射性衰变，我们可以推算出陨石的形成时期。结果证明，它们形成于46亿年前，这个数字令人难以想象（参见"地球的年龄"，第50页）。其他的陨石虽然在年代上一样久远，但是化学

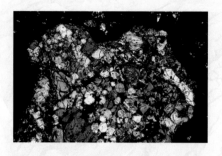

上图　在陨石内部，宇宙的秘密被揭示出来。

下图　伊恩·斯图尔特在澳大利亚内地寻找陨石。

右页图　依米拉克陨石——这块来自地外的碎片可以追溯到45亿年前地球诞生的时候。

成分却不同。在各大行星诞生之初，热量和压力会让它们发生大的改观。这些已分化的陨石是地球在形成时期历经创伤的最宝贵的"证人"。一小部分已分化的陨石则年轻得多，它们是从某个行星上脱落下来的一些岩石碎片，然后散落在太阳系的各个角落。像这样一颗流散的行星并不能告诉我们太多关于太阳系早期的状况，但它可能掌握着一个更大的谜团的线索：生命的起源。

1911年6月28日，在埃及的奈赫勒，一只非常无辜的狗正在思考着自己的事，突然它被一块碎片砸扁了。当时，一颗巨大的陨石正巧在上空爆炸成40块碎片，其中一块砸中了这只狗。使这只全世界最不幸的狗从人间蒸发的是一种极其罕见的岩石：地球上迄今共发现了13块这样的火星陨石。2006年，美国国家航空航天局的科学家打碎了一块珍贵的奈赫勒陨石，他们发现这块陨石的细小岩脉上富含碳碎屑，这看起来像是细菌的杰作。10多年前，即1984年，美国国家航空航天局就已经报道了存在火星微生物的富有争议性的证据，即科学家在南极洲在编号为ALH84001的陨石内部发现了奇怪的管状结构。这项发现重新引发了一场关于外星生命是否终将被发现的激烈争辩。

可以确定的是，即便是年代最久远的球粒陨石也包含着复杂的有机分子，包括50多种氨基酸，其中8种是常见的蛋白质构造原料。现在科学家相信，星际太空中充满了有机分子，而且，陨石会将这些最基本的建筑材料抛到还处于胚胎时期的地球上。至于生命本身是否搭上了火星人的便车，仍然是一个疑问，但是，如果情况果真如此，我们就极有可能是火星人的后裔。

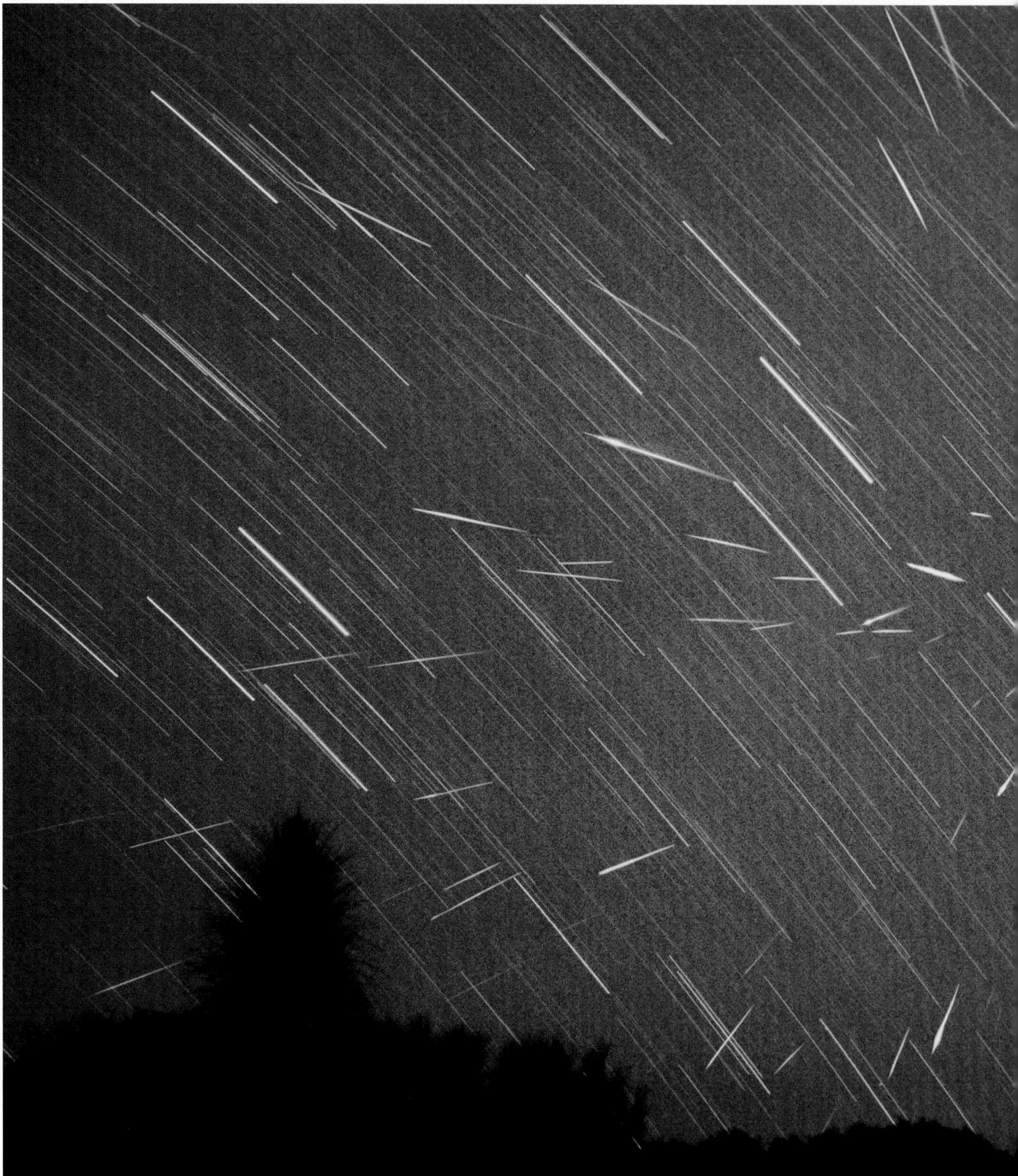

火球。在大气层上方仅 100 千米处，大地和外太空几乎完全分开，然而，这层稀薄的空气足以为我们提供有效的庇护，使我们远离向地球飞来的碎片。流星以每小时数千千米的速度飞行，与空气中的分子产生摩擦后，巨大的热量很快将其焚化。燃烧的流星划过天空，留下一道闪闪发光的痕迹，其亮度足以和阳光相媲美。在这幅壮观画面的形成过程中，地球大气层的制动作用发挥了明显效果。在它的影响下，飞向地球的岩块迅速分裂，然后形成微小的颗粒，向平流层的上方蔓延。每年都有数万吨的流星以这样的方式降落到地球，它们会形成一层尘埃薄幕，绕着地球轨道与地球同转，并留下尾迹。久而久之，大量流星粉末落到地球上，以至人类脚下的每一步路都有太空尘埃的碎屑。

最终，所有流星的放射性尘埃都因为太小而不能到达地表，因此，这些夜空中的"烟花"表演虽然非常耀眼，但没有多少是因真正的撞击产生的。尤其是当特别大或迅速移动的流星撞击地球的时候，岩石和金属碎屑可能会像雨一样落到地面，但是，即便当它们成为陨石撞击地球时，也不会对地球造成危害。至今还没有人因为一块从天而降的陨石而丧生。然而，陨石的到来还是会产生一些震动的，1991 年 5 月 5 日，亚瑟·佩蒂弗尔正在英国格拉顿照管他的那块洋葱地，突然，先是传来一阵鸣笛和哀鸣似的巨大声响，紧接着，一个葡萄柚大小的深色石块"砰"的一声落到了菜园里，距离佩蒂弗尔站着的位置仅隔 20 米远。说到此处，大家可以想象一下 1965 年圣诞节前夜英

左图 2001 年在澳大利亚艾尔斯巨石北部拍摄的流星雨，非常壮观，就像在空中燃起的烟花。它们散落的岩屑基本上不会造成伤害，大部分到达地面时就已成了太空尘埃。

国巴维尔居民的惊讶表情：当时，一个橘红色的火球"尖叫着"划过莱斯特郡的夜空，然后在这座以制造业为主的小镇上空破裂，它的碎片散落在了工厂、房屋、公园、马路和车辆上，居然没有人受伤。在地球上，陨石一直在以这种方式进行自我损毁，而且，它们潜在的破坏力在穿透我们上方的大气时就被解除了。但是每隔一段时间，某些致命的破坏力也会合力穿过地球的防御系统。

小行星的"空中爆炸"

1994 年 2 月 1 日，当"苏梅克－列维 9 号"彗星正准备最后一次飞向木星时，地球大气层经历了一次非常轻微的撞击。当时，一颗军事卫星探测到太平洋密克罗尼西亚上空一次核爆炸所发出的耀眼光芒，于是，时任美国总统克林顿、副总统戈尔和美国参谋长联席会议成员被五角大楼官员从睡梦中唤醒。他们担心，这有可能是一艘中国或俄罗斯核潜艇意外地引爆了核弹。美国空军战机被派往事发现场进行调查，但没有发现辐射迹象。科学分析表明，卫星所探测到的仅仅是一颗直径为几十米的小行星爆炸。它冲向大气层深处，并穿过飞机飞行的高度，然后在半空中发生了剧烈爆炸。此次爆炸被称为"空中爆炸"。在确认世界并没有面临一起核爆炸事件后，美国总统回去继续休息了。

实际上，像这样的太空入侵事件相当频繁。从 1975 年到 1992 年，美国国防部监控卫星在大气层中探测到了 136 次规模较大的空中爆炸现象。照这样推算，平均每年会发生 8 次空中爆炸。我们很可能大大低估了这种事件的频率，因为监控卫星拍到这些照片纯属偶然。像这样发生在半空中的流量死亡事件会

将大量高强度的电磁能量辐射出去，例如 2000 年 1 月发生在加拿大的一次爆炸事件。当时，一颗直径为 5 米的飞行物在育空区上空发生爆炸，继而引起断电。如果一颗同样大小的流星在伦敦或纽约上空爆炸，就很可能会造成骚乱。

如果有更大的物体将伦敦或纽约的天空点燃，就像当初惊醒比尔·克林顿的那次空中爆炸一样，将会发生什么呢？我们或许在遥远的西伯利亚荒野中可以找到蛛丝马迹。

通古斯陨石

1908 年 6 月 30 日，当地时间上午 7 点 17 分左右，西伯利亚中部发生了一次剧烈的爆炸。当时，地震仪自动记录了一次穿越大陆的地震，而在西伯利亚铁路上，一列火车及时停了下来，以免因地震而脱轨。受到惊吓的旅客看到一颗燃烧的陨石，这个大约有一半满月大小的火球点亮了破晓的天空。这次爆炸的震中在他们以南约 650 千米，位于几乎无人居住的通古斯河地区。虽然没有人员死亡，但是，一个驯鹿牧民在爆炸之后回去看他那 1 500 只强壮的驯鹿时，只发现了它们烧焦的尸体，他的小屋也只剩一堆石头了。少数几个不幸的本地居民被困在了几十千米的爆炸区内，他们大多被撞伤、擦伤、烧伤，甚至耳朵被震聋，但都没有生命危险。直到俄国革命和内战结束，首次科学探险才赢得了充分的条件，研究人员也才得以获准进入这个地区。他们发现，2 000 平方千米的西伯利亚森林（和 M25 环线以内大伦敦的面积相同）因爆炸而形成了一片荒原。大量的树木被掀翻在地，树干向内弯曲，并指向"原爆点"。更引人注目的是，这里的树木虽然已被剥去枝条，但依然直立，就像由

上图 1908 年发生在通古斯的陨石爆炸将西伯利亚森林夷为平地，假如这次爆炸在 4 小时之后发生，圣彼得堡就会被夷为平地。

电线杆组成的森林一样。这些线索帮助科学家重现了当时的情景。当时，在地面上空 6 000 ~ 10 000 米的地方似乎发生了陨石爆炸，释放出的能量相当于 100 万吨 TNT 炸药或大约 60 枚广岛原子弹爆炸产生的能量，而所有这一切都来自一颗直径只有 40 米的陨石。

假如通古斯陨石晚 4 小时 47 分到达，地球自转就会将圣彼得堡置于它的十字准线上，毫无疑问这将会导致成千上万人死亡，20 世纪的历史很可能会被改写。相反，那个夏日发生在偏远的西伯利亚的事件不过是一个历史注脚，而在未来的几十年内，世界都把注意力放在国内灾难上了。事实上，直到 20 世纪 90 年代，科学家才开始认真对待陨石袭击对人类造成的威胁，这在一定程度上也是由"苏梅克 – 列维 9 号"彗星撞击木星事件所引起的。在过去的一段时间内，全球曾共同努力，把对地球构成威胁的小行星和彗星按轨道进行分类。这次搜寻让人们意识到，地球所处的宇宙区域确实充斥着地外天体。例如，我们现在知道，每天约有 50 个和通古斯陨石差不多大的飞行物在地球和月球之间穿行，由此我们预料，平均每 50~100 年就有一颗通古斯陨石大小的飞行物与地球发生撞击；每 6 000 年（大约是自文明开始以来的时间长度）就会发生几次规模较大的撞击，它们是由直径为几百米的飞行物引起的。如此大的撞击所产生的

地球的年龄

时钟的嘀嗒声一分一秒地计数着人类生活的步伐，同样，盖革计数器的噼啪声也为我们的星球提供了计时表。一台盖革计数器可以用来探测特定自然元素的放射性衰变。这些放射性元素（或称同位素）能以不同的形式存在，它们以极高的精确度改变着自身的原子构造，极有规律并准确地释放中子。要知道，这种原子的神秘力量并不是什么黑魔法，相反，它来自核物理学，我们所知道的原子弹与核能也来自这门学科。它给地质学家的启示很简单，就是通过放射性元素来推测地球的寿命。

不同的放射性元素有着不同的衰变速度，这种差异在于它们的半衰期。半衰期是指一个特定样本的一半衰变至另一种物质所需的时间。有些元素是按照地质时刻衰变的。用于烟尘探测器中的放射性元素"镅-241"每458年衰变掉一半的原子，而用于考古遗迹定年的同位素"碳-14"的半衰期是5 700年。其他元素则更为持久。同位素"铀-238"在岩石中的含量极少，它的半衰期是45亿年，它衰变后会形成"铅-206"。因此，如果我们测量一下某块岩石中两种同位素的含量，就能很快地推算出它的年龄。

在19世纪的大部分时间内，地球的年龄被界定在大约1亿年，这主要归功于英国物理学家威廉·汤姆森（后来的开尔文勋爵），他的推测是以地球从一个炽热熔化的球体冷却下来所需的时间为基础的。但在20世纪最初的几年里，一位出生在新西兰的名叫欧内斯特·卢瑟福的物理学家提出了一个轰动一时的观点：根据衰变速度可以推断出，放射性沥青铀矿的某个特定样本有7亿年的历史，明显比地球的年代要久远得多。没过几年，英国地质学家阿瑟·霍姆斯使用铀铅同位素来测算地球主要岩层的年龄，为我们提供了最早的地质年代表。地球的年代自此得到了修正，而霍姆斯的推断也非常接近现代数据。例如，他把寒武纪开始的时间确定为5亿年前，而我们现在认为这个时期是从5.4亿年前开始的。

新的核物理学逐渐把最古老的岩石的年代进一步往前推。到1910年，英国物理学家罗伯特·斯特拉特已经根据钍的衰变发现，来自斯里兰卡的某种矿物样本至少有24亿年的历史，这就使得地球的年龄达到数十亿年。然而，赢得最终奖项的却是一颗陨石：它的年龄比地球更长。1948年，美国地球化学家克莱尔·卡梅伦·帕特森使用铀铅同位素为巴林杰陨石坑的陨石碎片测定年代。由于这个陨石坑是从早期太阳系中残存下来

左图　英国地质学家
詹姆斯·赫顿

右图　英国物理学家
威廉·汤姆森

的，因此，它的形成时期应该和地球大致相同。结果非常出人意料，以至于他觉得自己的心脏病都要发作了，并考虑去医院检查一下。结果居然是令人极度震惊的45.5亿年。时至今日，这个结果仍然被肯定，因为此数值与如今勘测的数值相差不到几千万年。

现在，我们的太阳系不仅浩瀚无边，而且年代十分久远。对地质学家而言，这样古老的年代意味着地球的地质特征形成所需的时间足够长，并在我们周围不易察觉的缓慢过程中发生。同时，它还解决了一个古老的争议，即地球是逐渐形成的还是通过突发性灾变形成的。然而，过去关于地球纯粹是一颗一望无际的星球的说法，有些令人难以理解。毕竟，对看似永恒的东西你会作何猜想呢？关于地球高龄的发现，也证明了18世纪地质学家詹姆斯·赫顿的渐进主义理论具

有合理性，他认为，时间是永无止境的，"没有开始的痕迹，也没有结束的可能性"。美国当代作家约翰·麦克菲则创造出了一种不同的理解方式，他把地球的深邃简单地称作"深时"（指以非常古老的地质尺度的时间强调地球的古老，是针对神创论的地球历史观而提出的）。

在《时光之箭，时光之环》一书中，美国古生物学家斯蒂芬·杰伊·古尔德或许提出了最能引起大家共鸣的比喻，即把45亿年的行星历史压缩为1天。我们的星球恰恰是在午夜之前的一刹那诞生的，而"寒武纪大爆发"也是复杂动物开始到处爬行的时间——直到晚上10点才发生，恐龙在晚上11点以后才出现，然后又在午夜之前的20分钟内遭到扼杀，现代人类则是在一天当中的最后两秒到场的。大约有6 000年的国家、艺术、宗

教和政治的人类文明史是在一天的最后1/10秒内挤进来的。

麦克菲则想出了另一种版本的比喻。他把地球的寿命看作一种古老的英国尺码：从国王的鼻子到他伸出来的手指端的距离。只要用指甲锉在中指上稍微动一下，就能将人类历史抹去。然而，最恰当地捕捉到这个形象的或许是作家马克·吐温，还在20世纪前10年，他就颇有先见之明地写道："如果说闪烁着现代纪元光芒的埃菲尔铁塔代表着世界的年龄，那么塔尖雕球饰表面的油漆则代表了人类的份额，而且，任何人都将看到，铁塔正是为这层油漆而建造的。"

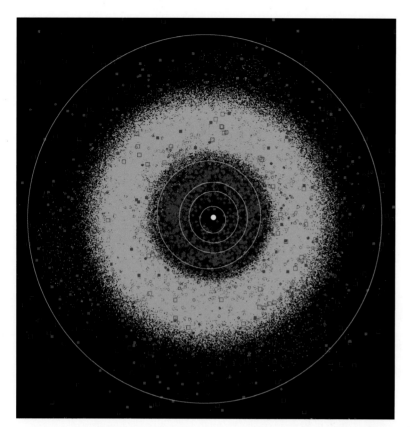

左图　地球附近充斥着直径千米大小的"近地天体"，它们在我们星球的轨道附近游荡着。

西部延伸开来。这些都证实了这是一场全球性危机。有些地质学家认为，这次突如其来的寒冷期是由一次规模巨大的火山喷发引起的，然而，在对冰岛、印度尼西亚和巴布亚新几内亚的火山都进行了研究后，却没有人能找到使人信服的确凿证据。与此同时，天体物理学家认为，一颗直径为 600 米的彗星解体后的遗留物，很容易就能造成这种寒冷期。

今天，即便我们使用所有尖端望远镜来监测夜空，一块直径几百米大小的岩石也可能会在无人觉察的情况下落下来，所以即使发现也来不及了。虽然天文学家一直在积极搜寻游荡在内太阳系的近地天体，但是，他们的努力仅仅集中在直径大于 1 000 米的巨石上。这些巨型飞行物的撞击力，可能相当于全球核武器库爆破力总和的 100 倍，可以造成文明的终结。2000 年，据说有将近 1 000 个这样的近地天体潜伏在我们星球的后院里；到 2006 年，我们通过望远镜搜寻已发现和追踪了 700 多个。[①] 只有少数飞行物的轨迹显示出在 21 世纪与地球相撞的极小可能性，因此，文明终结事件发生的概率非常小。然而，每一块直径大于 1 000 米的太空碎片，就会产生几千个

影响远远大于通古斯的那次爆炸：数百万吨的陨石雨将会把地球包裹起来，形成一层冷却的尘幕，造成农作物减产、饥荒遍野和瘟疫横生，就好像将要进入"核冬天"（指核武器爆炸引起的全球性气温下降）。

有些科学家认为，在 6 世纪中叶气候异常的那几十年内曾经有过这样的"宇宙冬天"，当时恰好是在欧洲的黑暗时代。整个欧洲北部的橡木年轮表明，公元 535—545 年这些树木确实没有生长，这就说明这里曾经极其寒冷，而且根据年轮记录，536 年的夏天似乎是仅次于 1500 年以来最冷的夏天。正是在这个时期，查士丁尼瘟疫席卷了君士坦丁堡的大部分地区，而且，黑死病似乎首次在欧洲出现。据中国史料记载，临近 536 年年末出现了大瀑布一般的黄色沙尘，在接下来的几年内，饥荒和疾病在中国、朝鲜和日本蔓延肆虐。从美国加利福尼亚到智利，降温的证据在美洲

① 《中国大百科全书》第三版网络版"近地小行星的运动"词条中记载，截至 2023 年 4 月，已发现 3 万多颗近地小行星。截至 2023 年 8 月 10 日，直径在 1 000 米以上的近地小行星有 853 颗，参见：Discovery Statistics, https://cneos.jpl.nasa.gov/stats/totals.html。——编者注

直径为几百米的碎片，以及上万个直径为十多米的碎片——这些致命飞行物还完全没有被追踪到。在亚利桑那州的沙漠中心地带，我们可以找到关于这些未被察觉的飞行物的有力证据。

撞击痕

1911 年，丹尼尔·莫罗·巴林杰的脑中涌现出一个惊人的想法：亚利桑那州东部的沙漠丛中有一个大洞，那里蕴藏着外星宝藏。在迪亚布罗峡谷干涸的河床上，他发现了铁陨石碎片，而且附近还有一个直径超过 1 000 米的神秘的碗状火山口。对富有创业精神的工程师巴林杰而言，这意味着火山口中心一定掩埋着一块庞大且极具价值的铁。然而，对当时的顶尖地质学家而言，巴林杰的想法简直就是异想天开——这个圆形洼地很可能是由某种燃气爆破引起的。面对地质学家的嗤之以鼻，巴林杰毫不气馁，坚持认为火山口底部蕴藏着巨大财富。在这种想法的引诱下，巴林杰在 26 年内花掉了 60 万美元，在这个地区进行考察和钻探，但一直没有结果。1929 年，在他去世前不久，科学家找到了他没找到的那块金属的下落：由于撞击，它已经蒸发了。至于吸引巴林杰来到火山口的那些环形金属碎片，实际上也是残存下来的。这个发现几乎没有给巴林杰带来任何安慰，身无分文的他最终离开了人世。然而，他最后得到的遗产将是火山口本身——这个火山口以他的姓命名。从科学上来讲，这是地球上首次公认的陨石坑。

今天，人们更倾向于称巴林杰火山口为"流星陨石坑"，当人们沿 66 号公路途经以前的温斯洛铁路车站时，这里是必去的观光胜地。摇滚乐团"老鹰乐队"在他们的单曲《放轻松》中为这个中途站赋予了永恒的生命力，但是，它真正出名还是因为温斯洛镇西部地面上的那个大坑。作为一个起点，迪亚布罗峡谷陨石坑里的碎片最终能够促使地质学家计算出地球的真正年龄（参见"地球的年龄"，第 50 页）。然而，正是火山口使人们开阔了眼界，看到了宇宙撞击的本性，从而为巴林杰的过于执着确立了不朽的声名。当游客沿着蜿蜒的小路登上火山口边缘，满怀敬畏地静立在那里时，无疑会试着想象一下 5 万年前，一块直径仅 30 ~ 50 米的铁陨石是怎样掘开一个深达 200 米的大洞的。导游常会这样告诉游客：来袭的星体会在 4 分钟内从洛杉矶飞到纽约，相当于煮熟一枚鸡蛋的时间。弹道学（研究弹丸或其他发射体运动规律及伴随发生有关现象的学科）的研究真是令人震撼，但是，我们对于撞击时刻具体发生了什么的理解并非源自陨石坑，而是源自几十年来的爆炸实验。

核情报

20 世纪五六十年代，在目睹了第二次世界大战中炸弹和炮轰的威力后，科学家把注意力转移到了破坏力极强的核装置和高吨位的 TNT 爆炸上。广岛原子弹爆炸时所释放的能量相当于 15 000 吨 TNT，而在比基尼岛环礁上试验的氢弹具有 1 000 万吨 TNT 的爆破力（这些数据仅供参考）。从多次爆炸中收集而来的数据促使科学家创建了计算机模型，这些模型给我们的启示是，当一颗巨大的陨石和地球相撞时会发生什么。因具有非凡的动能，抛射物能以每秒 20 千米的速度（彗星的速度会更快）快速坠落，并在灾难性爆炸中释放动能。甚至在着地前，撞击物穿过大气层突然坠落时所产生的炽热温度就已经使它接近熔化。在这之前，一团压缩空气会猛撞到地

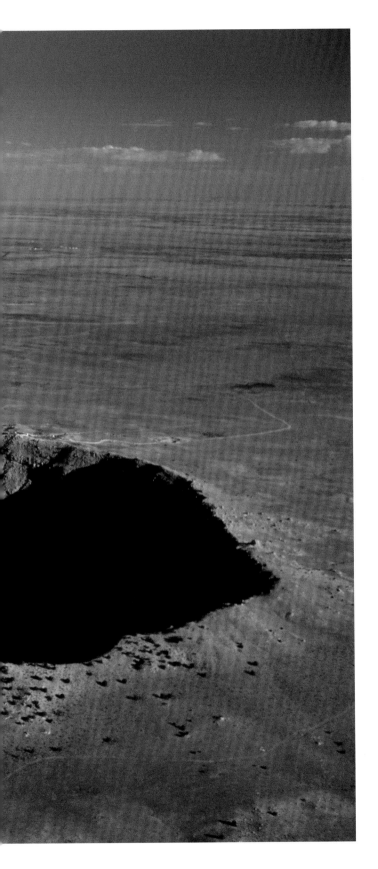

面，接踵而来的便是撞击物。由撞击产生的巨大压力和热量会使撞击物和岩石分裂并蒸发。蒸发的岩石在着地点爆炸，形成等离子体喷射出去，然后以陨石雨的形式重新回到地球，最后形成极具特色的玻璃质锥形滴状物，我们称它为"玻璃陨石"。震波将地面撕开，像地震一样穿过地球，接着，横向的爆炸气流把周围的岩层掀翻，将较大的岩块散布形成一个环状的碎屑堆，并形成陨石坑的边缘，更细小的碎屑则被抛射向太空。

巴林杰陨石坑成为第一个展现出之前只能在战场上或武器试验区才能看到的场景，它们被蚀刻在地形中，被篆刻在岩石上。正如这里的一个路标骄傲地对路人昭示：银河系内所有陨石坑的科学研究都是以这个坑为原型的。而使它被众人所知的那个人，就是几十年以后"苏梅克－列维9号"彗星的合作探测者——尤金·苏梅克。当时，已对爆炸现象深有研究的苏梅克正在苦苦地进行巴林杰陨石坑的弹道分析。他勤奋地画着地形图，揭开了这些不同寻常的褶皱岩层，并在显微镜下观察碎石。他的发现包括：陨石坑边缘的隆起环，即环形山坑缘；一块被爆炸冲击波掀翻的巨大岩石；岩石在碰撞中会被粉碎得杂乱无章；沙漠岩石中的"冲击石英"晶体突然受到高压的袭击。此次开创性的取证工作，使苏梅克轻而易举地对陆地陨石坑进行了完整解剖。一旦碰撞的明显迹象浮出水面，人们就会发现到处都存在陨石坑。

左图 巴林杰火山口，后被称为"流星陨石坑"。这个大坑位于亚利桑那州的沙漠，它使巴林杰耗费了巨资，却使苏梅克声名鹊起，因为苏梅克是科学界公认的地球上第一个发现陨石坑的人。

根据数据统计，地球上已有 171 个被确认的陨石坑[1]，其中绝大部分位于陆地。小的陨石坑直径不超过 4 000 米，和巴林杰陨石坑一样，它们都有着简单的结构：一个没有被碎片掩埋，外层被少许尘埃覆盖着的环形碗状的大坑。更具讽刺意味的是，许多地质学家长期以来都确信，陨石坑呈环形不可能是由小行星或彗星掘开的。正如对撞击持怀疑态度的人认为，流星落向地面的轨迹通常是倾斜的，因此，陨石坑应该是椭圆形的。但是苏梅克通过研究证明，体积较小的撞击物在高速飞行时会爆炸性地蒸发，爆炸后的碎片散落到四面八方，于是环形坑就形成了。对直径达到 4 000 米的陨石坑而言，核爆炸的研究表明，一种更复杂的撞击坑结构也有可能形成。首先，较大的陨石坑通常是中部隆起，周边是槽谷和裂边。之所以隆起是因为坑底的岩石在受到巨大陨石撞击后，由于压力释放而产生一定程度的回弹，这就如同一滴水溅到池塘中会形成涟漪，这个图案在岩浆冷却凝固后被固定。如此巨大而复杂的陨石坑在月球上可以被找到，在地球上同样也可以。其中最大的就是南非的弗里德堡陨石坑，其直径有 300 千米；位于加拿大安大略省的萨德伯里盆地，直径则达 250 千米。和巴林杰陨石坑不同的是，它们留有最原始的撞击痕，是大约 20 亿年前星体撞击所留下来的痕迹。

海洋里的撞击

鉴于地球表面的 3/4 被海洋覆盖，而在海洋里被发现的陨石坑仅有 10%，这一点似乎很让人奇怪。但问题在于海洋里的撞击痕不容易被人发现，主要原因有二：首先，地球上的洋底大部分是在过去 2 亿年内形成的，还处于稚嫩阶段，因此，只有最近的撞击

才会得以保存；其次，洋底的陨石坑和陆地上的不同，而且很快会被沉积物掩埋。然而，在海底深处不断扩大的搜寻石油和矿物质的活动已经使一些剧烈的撞击痕在不经意间被挖掘出来了。随之而来的，是人们对这些坠落于水上的撞击物可能带来的致命威胁进行不断的了解。

海洋里的撞击和陆地上的撞击的一个主要不同是前者会产生波浪，实际上，它们会形成大规模的海啸。对直径大于 1 000 米的撞击物而言，海水会减缓其运行速度但不会阻止它停下来，直到它撞向海底。整个水柱的深度被投射物完全取代，并会立即产生一股巨浪，其高度与海洋的深度相同。在大多数情况下，浪的高度可达到 3 000 米左右，甚至更高。当波浪从中间开始向四周扩散时，这座巨大的水墙会迅速坍塌，但是，海啸的威力仍然十分强大。因为我们从未经历过这种性质的海上撞击，所以只能靠所了解的知识来猜测它的破坏力。在一项计算机模拟实验中，一块直径为 5 000 米的岩石撞向大西洋中部，据预测，这股巨浪将会使美国东部到阿巴拉契亚山脉一带全部沉没，整个佛罗里达州也几乎会被淹没。在东半球，几百米高的浪潮将会淹没葡萄牙、西班牙南部和法国西部的海岸，而且，海浪还会形成涌浪进入直布罗陀海峡，然后沿西班牙和摩洛哥的地中海沿岸消散。欧洲北部的洪水泛滥不会像伊比利亚半岛那样严重，主要

[1] 根据国际陨石学会网站数据，目前全球已确认的陨石坑有 190 个。——编者注

左页图　地球上的部分陨石坑图片。顺时针依次为：澳大利亚北部地区的戈斯峭壁，澳大利亚的苏梅克陨石坑，乍得的奥隆加陨石坑。

因为这里宽阔的大陆架可以承受住海啸能量的冲击，但是，对爱尔兰科克郡的居民来说这是一个不得不关心的问题，不需要吞没里斯本或加的斯那样的高耸水墙，仅 20 米高的巨浪就会把这一地区淹没。浪潮仍然在肆意横行：它从大西洋向四周漫延，最终冲击到世界各个海岸。以上就是海洋撞击会发生的状况——其破坏力会波及全球。比起 6 500 万年前在墨西哥尤卡坦半岛海岸希克苏鲁伯发生的那次离奇的撞击[1]，再没有其他的撞击能更好地说明这一切了。

恐龙[2]的灭绝

向墨西哥方向飞去的那颗小行星撞到大气层边缘后，开始摩擦生热并发出光亮，这样我们在地球上就看到了它。这颗小行星一直以宇宙速度匀速前行，1 秒钟后突然撞击到地球表面，如此大的强度使其下方的大气被压缩，温度急剧上升到 6 000℃，即和太阳表面的温度一样高。这颗直径约为 10 千米的

[1] 根据中国科学院南京地质古生物研究所官网于 2016 年 11 月 30 日发表的一篇名为《揭开"恐龙灭绝"墨西哥尤卡坦半岛希克苏鲁伯撞击坑之谜》的文章，这个撞击坑形成于 6 600 万年前。——编者注

[2] 近年来，恐龙被定义为三角龙和现生鸟类的最近共同祖先的所有后代。三角龙属于鸟臀类，现生鸟类起源于蜥臀类，也就是说起源于最近共同祖先之后，两类恐龙沿着不同的道路分别演化。科学家现在研究认定，除了鸟类，在中生代末期灭绝了的那些恐龙不包括鸟类。现在为了区别鸟类和已经灭绝的恐龙，生物学界又有了一个新名词——非鸟恐龙，即指除了鸟类的所有其他恐龙。实际上，非鸟恐龙就是传统概念中的恐龙。——编者注

右图　魁北克的马尼夸根陨石坑是世界上最大的陨石坑之一，它也因是最古老的陨石坑而得名。

| 上图　地球发生撞击后可能出现的景象。

陨石，差不多和格拉斯哥一样大，它以 100 万亿吨 TNT 的能量撞向地球，随后瞬间蒸发。如要产生相同的爆炸效果，就需要让地球上的每个人都引爆一颗广岛大小的炸弹。在 250 千米以内，任何一个没有被活煮了的生物都会死于这场爆炸。震中的冲击波几乎在以光速前进，横扫一切，每一棵植物都会顷刻间倒地，动物也都死于肺部出血和水肿。从墨西哥中部的高地到美国的海湾各州（美国濒临墨西哥湾的五个州为佛罗里达州、亚拉巴马州、密西西比州、路易斯安那州和得克萨斯州），在 2 000 千米的范围内，森林全部被夷为平地，1 600 千米以内的生物几乎全部被摧毁或者烧毁。巨大的海啸穿过整个海洋，将几百米高的巨浪推向得克萨斯州，把森林的残骸拖向海洋。整个地区被强大的地震和超级飓

风（科学家通过计算模拟出来的超级飓风，风速可达每小时 800 千米，由温度高达 120℃的海水能量驱动）蹂躏着。撞击发出了一阵炫目的亮光，之后，一片阴沉沉的黑幕不知不觉掠过整个天空，移动速度比声速还要快，接着，一层厚厚的碎屑掩埋了几百千米的区域。

爆炸掘开了一个直径为 100 千米的大洞，把 1 000 立方千米富含硫黄的岩石、泥土和高温气体炸了出来。仅一小时内，像乌云一样蔓延开来的碎屑将整个地球包裹起来，炽热的岩屑倾盆而下，地球上大部分地区都被点燃。这一时期封存在琥珀化石中的古老气泡说明了当时大气中的氧气浓度远比今天要高，因此，火力会更加旺盛，浓浓的黑烟弥漫在整个天空。全世界的木炭和烟尘沉积物证明了当时地狱般的火海

所侵袭的规模：大面积的森林从陆地上消失，上百万种动物被扼杀，它们赖以生存的食物也毁于一旦。一连数月，烟尘和撞击后的碎片完全遮住了阳光，植物因此被毁灭，陆地上和海洋里的食物链也都被打破了。撞击之后的几个月内，约有6 000亿吨的硫酸以酸雨的形式降落下来，其腐蚀性足以烧伤皮肤，并使植物脱落。同样有毒的硝酸雨使得动物窒息，并污染了湖泊和浅海。寒冷而黑暗的宇宙冬天很可能只持续几年，但是，从蒸发的沉积物中释放出的大量温室气体可能会引起全球气温长期上升。这些现象将会使环境系统更加混乱，从蒸发的岩石中排放出的大量氯气将会吞噬保护地球的臭氧层。

生物的世界末日

撞击之后紧随而来的就是灾难。生物的终结完全预示着世界末日即将来临：整个生态系统崩溃，由此引发的连锁反应可能使世界65%的物种灭绝。在海洋中，双壳贝类动物、造礁珊瑚、菊石和许多种浮游生物同时消失。但并不是所有的海洋生物都会遇到这种糟糕的境况。生活在浅水区的无脊椎生物、生活在黑暗深海区的生物和依靠有机碎屑获取养分的生物就大量幸存了下来，而且很快恢复了原来的群落。在陆地上，由于蕨类植物能够在野火中生存，因而焚烧过的地方很快就被它们覆盖，使这里的植被很快被修复。但是，最容易受撞击影响的陆地生物是恐龙。它们曾在2.51亿年前重置进化按钮的一次撞击事件后崛起。但是这一次，它们成了牺牲品，而我们的哺乳动物祖先则成了受益者。

或许这就是恐龙灭绝的故事。近年来，情况变得日渐复杂。自发现墨西哥的希克苏鲁伯陨石坑以来，

人们发现其他陨石坑的历史也可以追溯到相同的年代，例如乌克兰的波泰士陨石坑、加拿大的伊格尔·比尤特陨石坑、大西洋北海的银坑陨石坑，或许还包括印度洋的湿婆陨石坑。在目睹"苏梅克－列维9号"一次次地撞向木星之前，人们认为一系列撞击似乎发生的可能性极小。地球是否遭遇过这样的厄运吗？

还有另一种可能性，就是看待问题的不同方式。倘若不需要求助上天就能够有一种制造世界性灾难的方法，那将会发生什么呢？毕竟，恐龙灭绝之前至少有过四次生物大灭绝，而且没有一次人类会想到是因为撞击造成的。事实上，地球上一些巨大的陨石坑的形成似乎不会造成生态失调。考虑到地球上陨石坑的数量和大撞击发生的频率，地球上的生命似乎不会受到地外撞击的烦扰。毫无疑问，这些撞击确实发生过，但也许它们并不像我们想象的那样具有控制性影响。相反，还有另一种现象与物种大灭绝之间有着近乎完美的联系，它同样能够造成全球性的破坏。6 500万年前，就在小行星着陆墨西哥发生撞击的同时，大量熔岩从地球另一侧的裂缝中涌溢出来。辽阔的印度德干熔岩台地独有的特征，有力地说明了地球内部深处的力量——它就像一台热机一样推动着地球的运转。

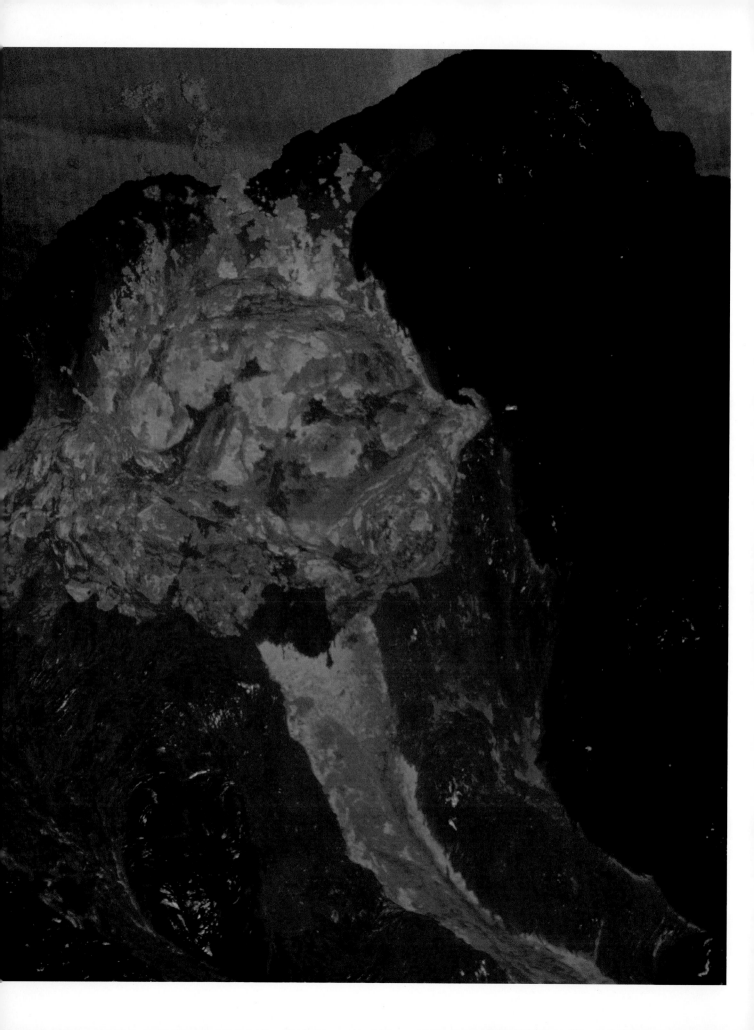

第二章

火　山

　　埃尔塔·阿勒火山不是一座普通的火山。它位于埃塞俄比亚阿法尔地区炎热的沙漠中部地带，是地球上地势最低的陆地火山，也是世界上测得温度最高的区域之一。岩浆不断地从地球内部向外涌出，使这里形成了一个永久的熔岩湖。埃尔塔·阿勒熔岩湖位于世界上人迹罕至的火山区。开车经过三天辛苦的路程，再骑上骆驼经过一天的跋涉，最后穿过时有盗匪出没的地区才能到达这里。比它更偏远的还有南极洲常年喷发熔岩的埃里伯斯火山，此外，在饱受战争摧残的刚果也有一些活火山口，去那里会更危险。事实上，唯一可以安全到达埃尔塔·阿勒的方法就是搭上一架埃塞俄比亚军用直升机，但这里是厄立特里亚边界易发生冲突的区域，人们通常在其他情况下才会使用直升机。飞机下面的景色非常壮观，首先飞过埃塞俄比亚高原上绿油油的田野，然后是一段险峻的峡谷，之后迅速进入燥热无水的荒漠、沙质平原和满是沙尘的湖底，这里就是阿法尔地区了。很难想象，这块炙热而贫瘠的土地竟是人类的发源地之一。在这里发现了世界上最古老的石器，以及一些最早的人类祖先的遗骸。最终，我们发现这片荒凉的沙漠变成了火山奇境。由坚硬的火山岩组成的深色狭长地带从锥形火山上延伸下来，这就表明我们已经到了东非大裂谷的中部。在过去几百万年间，这里的大陆不断裂开。

　　在一系列拔地而起的火山中间是巨大的埃尔塔·阿勒火山，从地平线上看，它就像是一个高 600 米但直径却达 50 千米的突起物。再走近一点儿，埃尔塔·阿勒火山顶上的两个火山口就会映入眼帘，里面不断有烟雾喷出。在当地的阿法尔语中，埃尔塔·阿勒意思为"烟山"，因为厚厚的气体和烟雾使这里看起来就像一个战场，而我们仿佛正在进入敌人的领地。

　　从空中向下看，地面如丝绸般光滑，但实际上，它那扭曲的外壳是由凝固的熔岩形成的。仅在棱角分明的岩石上绊倒几次就一定会让你流血。脚下的大部分地面都覆盖着疏松而破裂的"渣块熔岩"（指粗糙的熔渣，通常形成熔岩流的上层部分）。但是，在凹

左页图　活火山是一个沸腾的熔岩世界，如夏威夷火山，是人类可以目睹其潜藏在地球内部的热量的最近观测点。

凸不平像雷区一样的地带中间，却有着神奇的像雕刻而成的绳状熔岩，它们盘绕在一起，形成旋涡状地貌。这些光滑、起伏、偶尔呈绳状的岩石是由液体熔岩流形成的。小心翼翼地挑出一条路，穿过这段由岩浆凝固所形成的崎岖地带，只需走上几百米，便可以到达北部大火山口的边缘。边缘上有一些歪曲的裂口与裂缝，需要小心翼翼地穿过。这个碎裂的峭壁有 30 米高，当你站在它那危险的边缘向下凝视时，就会看到一个巨大的火山坑里的熔岩在咝咝冒着泡泡。

白天刺眼的阳光很难辨认清楚熔岩鲜艳的颜色，尤其是它经常被火山口翻腾的气体笼罩着，气体有一部分会溢出火山口。在这些排出的毒性混合气体中，水蒸气、二氧化碳和二氧化硫占主要成分。热气像呼吸一样一阵阵地飘过来，夹杂着毒气的热浪几乎能令人窒息。因此，防毒面具在这里成为一种必需品。夜晚，火山口中间泛出可怕的橘红色光亮，这时候要随时准备好防毒面具，因为烟雾会沿着火山的坡面飘下来，然后悄悄钻进帐篷。在这种严苛的环境中生活几天，你很容易就会想象到自己已穿越时空隧道，回到了我们星球诞生之初的情景。

地球升温

要想了解地球内部的热量来自何方，我们就要再次回到 45 亿年前地球诞生的时刻。地质学家把地球的早期历史称作"冥古宙"，在希腊语中的意思是"地狱"。取这个词的主要原因是，诞生之初的地球是一个残酷恶劣的世界，遍地都是烈火和硫黄。当时，像

右图　图为遥远的埃塞俄比亚埃尔塔·阿勒火山附近的熔岩湖，这是世界上非常壮观的熔岩湖之一。

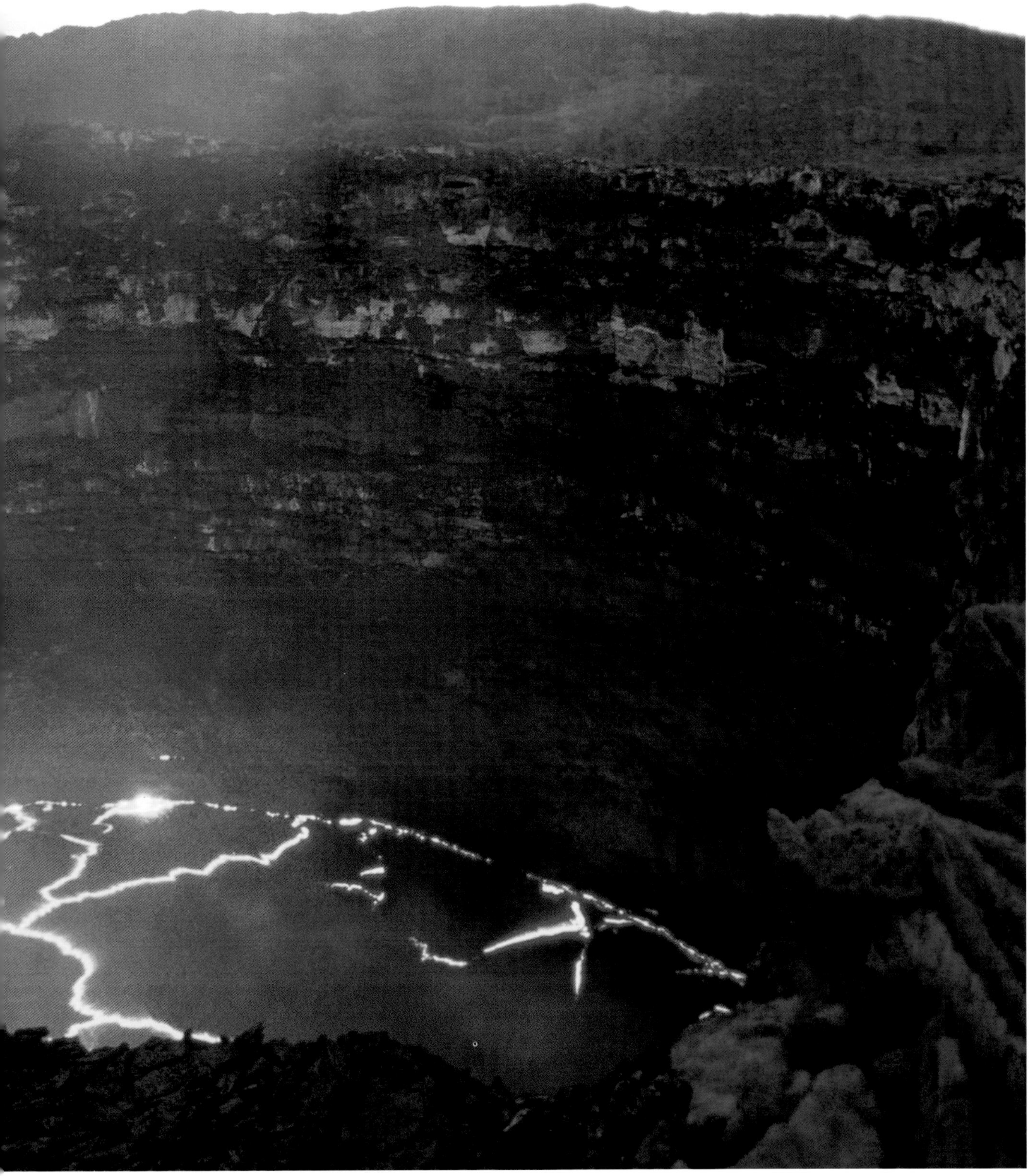

火球一样的陨石点燃了整个地球，地面上到处都是活跃的火山，炽热的岩浆像海水一样翻腾着，大气中弥漫着硫黄气味。虽然最原始的世界被普遍而持久地描述成这样，但是它也许并不是大众想象中的火热地狱。当然，由于太空中的小行星和彗星撞击地球，一瞬间带来了巨大的能量，它们释放的一小部分热量将会残留在地球表面。事实上，在两次撞击之间，年轻的地球几乎处在冰期，只是偶尔会出现地狱般的火海场景。然而，在地球深处，温度却一直在逐渐上升。

在地球诞生之初，来自地球外的撞击和爆炸带来极高的热量，同时，放射性元素也释放出热能，在它们的推动下，年轻的地球内部的温度上升得很快，远远超过了缓慢的传导作用使地表温度下降的速度。地球在诞生之初的大约 1 000 万年内，内部的平均温度急剧上升到 2 000℃左右——热度几乎能够将整个地球熔化。在一个大部分被熔化的星球上，重力将会把密度较大的元素和密度较小的元素分开。铁是地球内部密度最大的元素之一，也是迄今含量最丰富的元素之一。由于密度大，所以，熔化的铁会形成滴状，然后向地球中心慢慢下沉。在下沉的过程中，重力能转化成热能，为这个新生的地球内部注入热量。渐渐地，地球形成了自己的热能引擎。

在刚刚形成的最初几亿年内，地球从一个地狱变成了糟糕但尚可居住的地方。关于这一点，我们将会在下面的章节中探讨。在地面以上，海洋和大气层逐渐重新塑造了地球；在地面以下，同样发生了翻天覆地的变化。就像在一个巨大的黑啤酒杯中，下面的黑色啤酒和上面的白色泡沫分开那样，地球也被分成了内部的金属核与外部的岩石地幔。在炽热金属核的加热作用下，地球终于有了一个可以在全球传送热量的循环系统。在任何一种底部温度高于顶部温度的流体

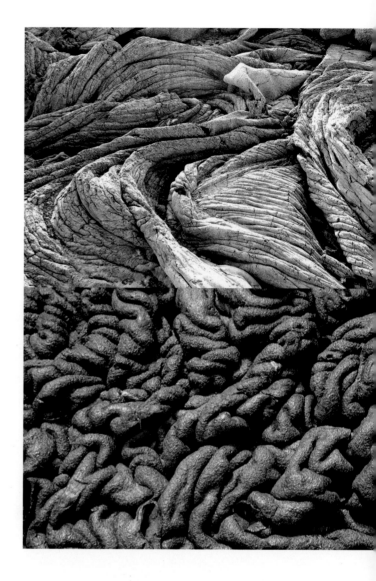

中，温度较高的物质都会膨胀，并且漂浮到密度较大和温度较低的物质上方，直到它的温度变低，密度也变得更大，然后再次下沉。我们称这种由热量引起的简单的上下运动为"对流"，它是地球热机的驱动机制。

在上下对流作用的温度调节下，地球很快冷却了下来，温度低到足以使外部区域凝固。地球最深处的内核也发生了同样的情况：几亿年以来，地核的中心部分承受的压力是地表压力的 350 万倍，所以被挤压成一个坚固的金属块。在热机的内部，也就是在你脚下大约 6 000 千米的地方，温度可能和燃烧的太阳

明，地球滚烫的内核是人类抵御太空侵袭的第一道防线。内核形成之后并没有完全凝固——由于远离中心的地带压力较小，因此，它的外部仍然处于熔融状态。同样，因为地球熔融的外核形成了磁场，所以它可以抵挡致命的宇宙辐射（参见"磁引力"，第68页）。

地心之旅

活火山中沸腾的熔岩世界是我们最接近目睹地球内部深处燃烧的熔炉的地方。站在埃尔塔·阿勒火山的火山口边缘，就好像在窥视地球的心脏一样，并且可以径直看到它的内核。但是，要想真正了解地球中心的情况和对流的运行规律，你就需要离岩浆更近一些。

埃尔塔·阿勒熔岩湖在20世纪一直较为活跃，但是，随着时间的推移，岩浆高度时涨时落，有时会退缩到流入熔岩湖的地下井中，有时又会往上涌，超过地下井的内壁。火山口边缘的顶部是30年前形成的，当时，大量熔岩向外涌出，使整个火山山顶重新露出来，而在边缘以下大约30米的地方，凝固的熔岩形成了一个宽大的岩架，它是在2004年熔岩湖的岩浆溢出时形成的。湖面位于岩架以下几米处，这样一来，人们就可以沿着岩石台地向下，一直走到熔岩湖的边缘。

顺着绳索下降到火山口内部，是一种让人紧张的体验。这让人想起了地质学家经常走的一段路程，他们去那里是为了揭秘地球的内部运行机制。今天，我们能够通过太空中的各种高科技成像来监测火山，同时，地面上也有一套精密仪器，可以用来远程测量火山的温度、气体排放和地面运动等。而获取一块供实验室分析的火山岩样本，或者舀取一团半熔融的岩浆

上图 这些石化的扭绞、旋转和褶皱结构是由曾经的熔岩流形成的。研究火山的科学家可以根据它们来重建过去火山喷发的动力。

表面一样高：5 000℃ ~ 6 000℃，非常让人不可思议。地球上的热能主要是自地球形成以来残留下来的热量，尽管还有相当一部分热量来源于自然放射现象。地核的原始热量是地球家园的中央供热系统。

现在你也许会认为，地球的最深处离你的日常生活非常遥远，这样想就大错特错了，因为研究结果证

磁引力

每年两次（通常是 2 月和 10 月前后），北极地区漫长而黑暗的冬夜就会被一种奇特而壮观的"霓虹光"照亮，这就是著名的"北部之光"或是"北极光"，最好是在高纬度的"极光环"上看到的，它穿过西伯利亚、阿拉斯加和北斯堪的纳维亚，然而，在纬度较低的地区极光也并不罕见，偶尔在赤道上空也会看到。还有一种孪生现象，即南极光，会将南极圈以内的天空照亮。虽然极光在极地附近最亮，但事实上它们能覆盖整个地球，那是因为它们是由地球内部熔融所产生的能量和太阳能量之间的剧烈碰撞引起的。

太阳表面会定期抛出大量的太阳粒子或等离子体，形成一阵阵太阳风暴。太阳粒子被抛掷出去之后，就会以每秒 1 000 千米的速度穿过太空，只需两三天就可以到达地球。距离地球约 60 000 千米远的时候，带电粒子流就会遇到地球磁场的外缘，于是，在磁场的作用下，等离子体就会向磁极偏转。当等离子体渐近时，太阳粒子就会冲进地球的大气层，与空气分子相撞，并以光子的形式释放能量，大约 1 亿个光子才能产生一束可见极

上图 从太空看到的南极光。
右页图 从加拿大看到的北极光。

光。通常，极光像一块闪闪发光的幕布飘荡在夜空。当太阳风暴产生的能量极强大时，就会有足够多的太阳粒子突破地球磁场屏障，于是，温带甚至热带的夜空就会被点亮。

太阳风暴会对地球上的电力系统造成严重破坏。例如，1989 年 3 月，一次磁场干扰切断了魁北克 600 万人的电力供应系统，一个核电站几乎两天内没有运转，而在高空，4 颗美国导航卫星被迫中断运行。但是，假如我们没有地球磁场的保护，情况将会变得更糟糕，我们将会持续遭受大量致命的宇宙辐射的轰击，而且，我们还必须穿上铅制的服装，或者居住在岩洞里才能保存生命。

我们很容易想象地球磁场是由地球的铁质内核产生的，这个过程和条形磁铁的原理十分相似，但是，铁被加热时会失去磁性，而地球的内核温度又是非常高的。相反，人们认为，在地球自转的影响下，流体态的外核会产生旋涡式运动，从而形成磁场。这种想法是，在地球的早期历史上，地核中缓慢移动的电流穿过了太阳磁场的无形力线，从而促使电子振动并移动，这就产生了电流，随后，电流又在地球周围引起了局部磁场。这台自产的发电机一旦被启动，就会形成一个自我维持系统。这时候，流体机械能就会和地球自身的磁力线产生互动，继而产生电磁能。要是把动力考虑在内，你也许会认为地球的磁场相当强大，但事实恰恰相反。即使是一个玩具马蹄形磁铁所产生的磁力，也比我们所居住的星球的磁场大几百倍。而且，用来测量地球磁性的仪器非常敏感，以至一块嘀嗒运行的普通手表都会对它产生干扰。

地球磁场的形成，就好像它内部有一个巨大的条形磁铁，与地球自转轴之间的倾角约为 11°。磁极的位置并不是固定不变的，而是在一年的时间内来回移动。大约每隔 50 万年，地球磁场就会发生一些更加剧烈的变化：它们会交换位

置，磁北极就变成了磁南极。磁场中的这种翻转现象一定是由外核内流体流动的变化引起的，然而，这些变化具体是怎样的，整个磁场翻转的速度有多快，仍然是一个未知数。有些迹象表明，地球磁场发生一次翻转很可能要经过几十年，但具体怎样我们并不知道。假如这在我们有生之年发生，我们很可能会看到北极的磁力渐渐消退，然后，磁涡流开始在世界各地形成，最终，磁力将再次集中起来，汇聚到南极。磁场翻转具有两面性：不利的一面是，我们将暂时失去防御太阳风暴的保护屏障；有利的一面是，我们很可能从世界各地欣赏到格外纷繁美丽的极光。

用来进行现场温度测试，仍然是现代火山科学需要做的基本工作。

比起脚下深处的地球内部，我们对外层空间运转情况的了解更多。太空探测器已经大胆地飞到了太阳系的边界（目前旅行者1号已经进入宇宙空间，达到日地距离的120倍以外），而且在1996年，伽利略号探测器已成功地潜入600米深的木星外大气层。但是，人们迄今钻探地球的最大深度是俄罗斯科拉半岛上的12千米——仅为地表到地心距离的0.2%。于是，关于地表以下究竟是什么情况，也就难怪会有那么多离奇的猜想了。埃德加·赖斯·伯勒斯以创作"人猿泰山"而闻名，他在《在地球中心》（*At the Earth's Core*）一书中做了如下构想：地壳只有800千米厚，围绕着一个广袤而空洞的内部，人们可以通过北极附近的一个开口到达那里，但经常会有恐龙和巨型哺乳动物出没其中。在儒勒·凡尔纳的经典作品《地心游记》中，黎登布洛克教授也用图例展现了一个相似的地下世界，那里充满了大山洞、湖泊和各种生物。黎登布洛克和他的侄子阿克赛通过冰岛的斯奈菲尔火山口进入地球内部，当他们从意大利的斯德龙布火山出来时，迎接他们的是一次爆发性的火山大喷发。即使是今天，我们也仍然缺乏关于地球内部的第一手观察资料，这就意味着"空洞地球"理论还会充斥互联网。

目前，大量经费被用于探索广袤而深不可测的宇宙空间，只有一小部分经费被用于探测地球的内部，尽管地面以下还有很多有趣的素材。受到这种差异的刺激，一位顶尖行星科学家提出了一个大胆的建议：只要从用于太空项目的资金中抽调出一小部分，就能将100万吨的液态铁倒入地球表面的一个人造裂缝内。铁的密度将会制造出一个自我维持的裂缝，它会缓慢而势不可当地向地球中心延伸，同时，一个葡萄

柚大小的探测器也会沿着裂缝向下运动，它会从地球的内部将第一手的资料发送回来。没错，这个建议在很大程度上有半开玩笑的性质，然而，假如这样一个探索地球中心的项目付诸行动，那么我们究竟希望它会发现什么呢？

地球的内部世界

地球内部的情况可以通过多种方式来设想。有些地质学家把地球比作一个桃子，它那坚硬的内核就是地核，周围包裹着果肉般的地幔，最上面覆盖着一层薄薄的果皮，就是地壳。对其他人而言，把地球比作鳄梨更为恰当，依据是地核与地幔的相对尺寸。还有人倾向于把地球比作一颗洋葱，因为我们虽然探测的是地球深处，但似乎发现了越来越多的层级。但简单来说地球只有三层：金属内核、塑性岩石地幔和碎性岩石地壳。众所周知，地核从2 900千米深的地下延伸到地球中心，并沉积出两层来：固态内核，以及包裹它的流体外核。包裹在地核外面的地幔构成了地球的主体，它的主要成分是由地球上含量最多的元素硅和氧组成的化合物。在对流的作用下，硅酸盐岩石同样被分成了密度不同的岩层。地幔中最轻和最易熔化的部分形成了地壳，它们像泡沫一样漂浮在地幔上方，然后冷却并凝固。质量较轻的放射性同位素，例如钾、铀和钍，也会随着地壳上升，它们为地球的最外层提供额外的热量源。这些表面的热度也就解释了为什么当你下到一个几千米深处的金矿时会觉得闷热。如果这一路下去地球都以相同的速度不断变热，那么它的整个内部将会被熔化。

如果说地幔是一盏巨大的熔岩灯，而加热它的灯

地球
行星的力量

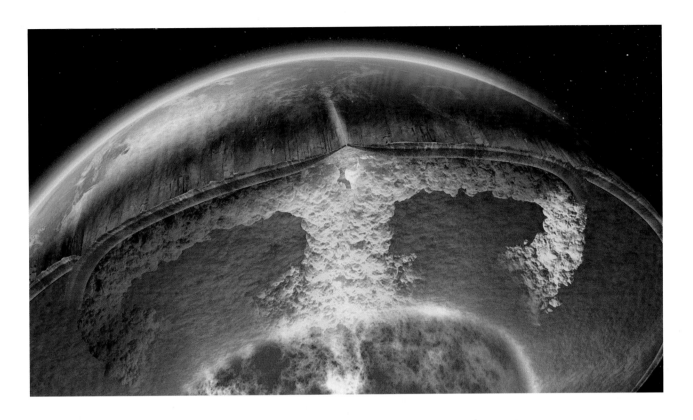

上图 在炽热的岩浆从地核涌向地壳的过程中会产生连续不断的对流，它所形成的热机使地球表面不停地运动着。

泡就是地核。在熔岩灯里，来自底部灯泡的热量会造成蜡状物质扩张，使它们变得比上面的黏性流体更轻，并且开始上升。在上升的过程中，蜡状的羽状物冷却下来，密度渐渐还原到比周围液体的密度更大，于是，它们会再次沉下去，只有被重新加热，它们才会进入不断重复的循环过程。正是通过同样的方式，地球灯泡——地核滚烫的热量在向地幔外传输，从而使地幔最底层的温度上升，密度变小。这种炽热的、浮力强的、有延展性的柱状岩石被称作"地幔柱"。地幔柱缓缓向上攀升，每年上升 2 米左右，直到它们到达地壳底部为止。此时，部分热量和岩浆最终会通过火山运动逃逸出来，但大部分岩石还是会冷却下来，然

后再次下降到地幔最深处，等待新一轮的对流运动。正是这种永不停息的上下运动将热量从地核传送到地表，从而迫使坚硬的地壳移动。

运动中的世界

与登上月球的人相比，行走在埃尔塔·阿勒火山顶易碎的火山口边缘的人更少。这些凝固的熔岩层才形成两年，因而踩上去比较容易裂开。越靠近火山坑的边缘，就越能感觉到一种地面易碎，会突然塌陷进沸腾的熔岩湖的危险。但是，当下面奇特而壮观的景色展现在眼前时，你很快就会把危险抛于脑后。大约每隔 15 分钟，炽热的熔岩就会在湖面慢慢翻腾。起初，湖面上有一层薄而坚硬的外皮，红黑相间，温度为 350℃ ~ 450℃，这是凝结后的熔岩。它是地球坚硬地壳的缩影，上面布满网状的细小裂缝，

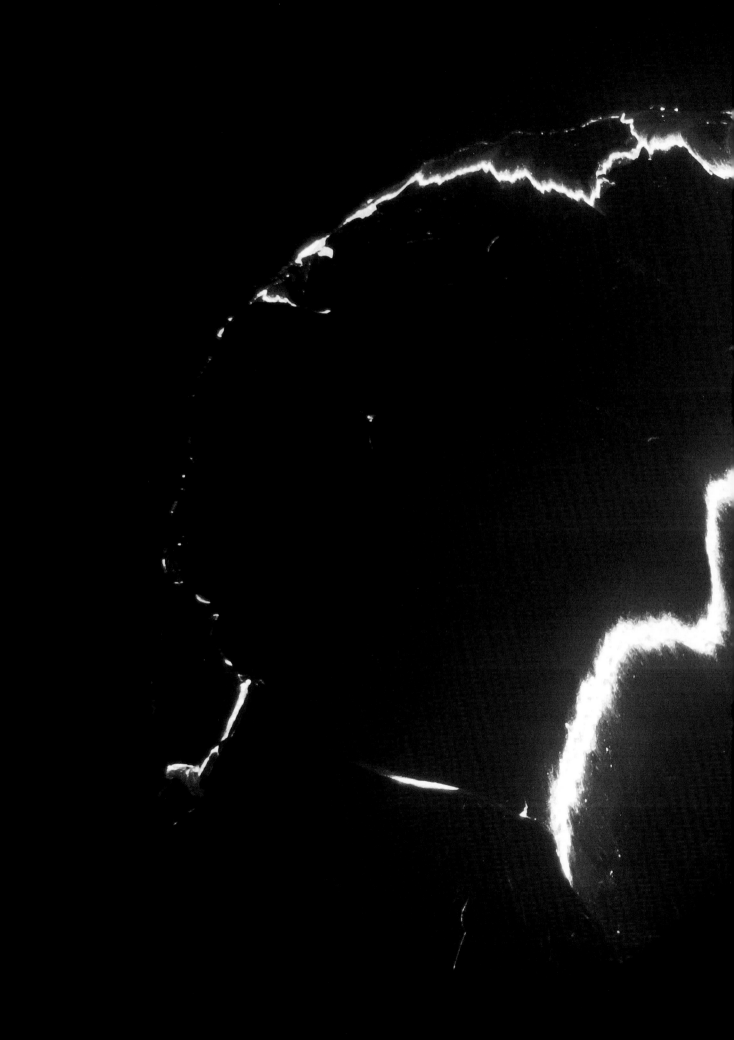

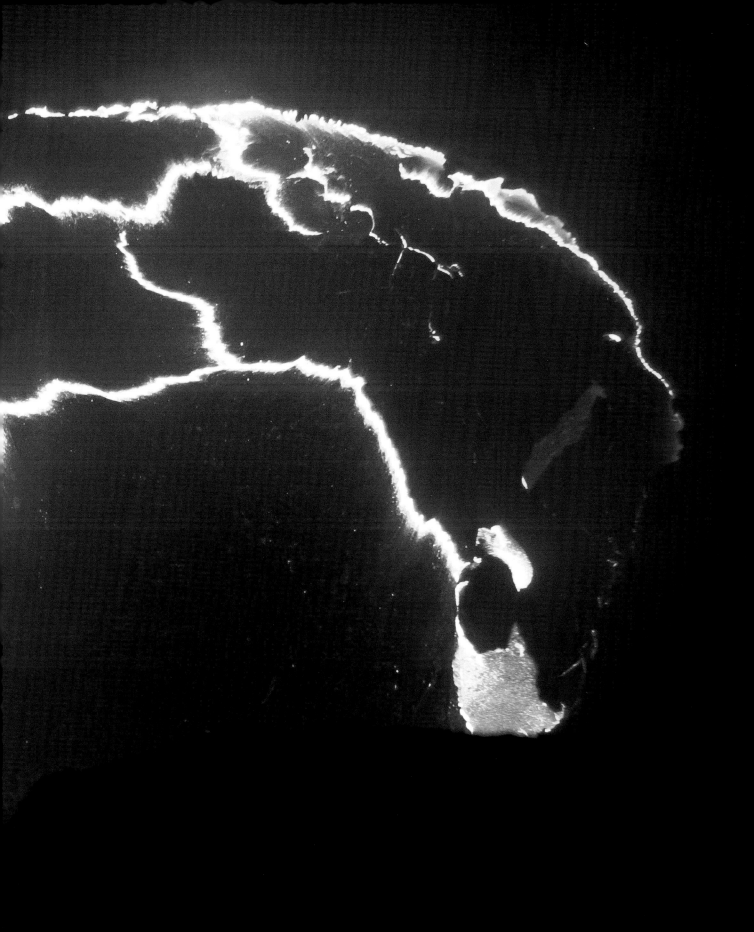

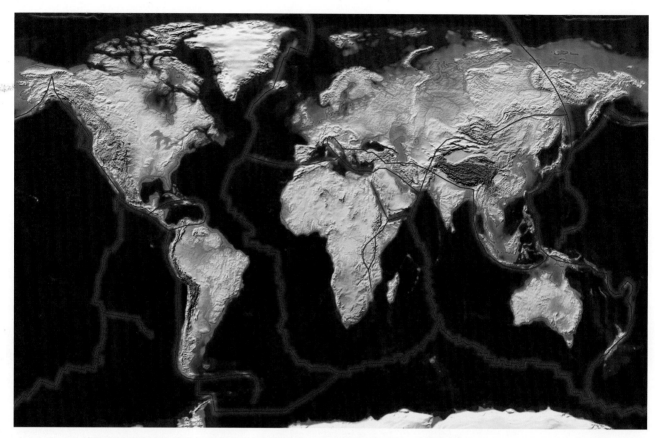

上图　地球板块构造的连接处把整个星球包围起来，看上去就像一个巨大的棒球表面的缝线。从地质学的角度来讲，这些缝线是地球上最活跃的地带——地震通道、火山通道和较新的山脉都形成于此。

第72~73页图　炽热的裂缝把埃尔塔·阿勒火山熔岩湖的深色沉积层撕开——这是位于坚硬的地球表面的大裂缝的缩影，它们决定着地球的板块构造。

就像一幅旧油画上的颜料未干而产生的裂纹一样。在上升的熔岩的推动下，结成硬皮的表面裂开，深色的裂纹被更大的裂缝破坏，鲜亮的橙色岩浆穿过下面静止的熔岩喷涌而出。这里的熔岩温度很可能超过1 100℃——相当于地球中心的热量。在对流的作用下，上涌的熔岩在经过湖面时会携带一层硬皮，直到它在湖的边缘附近沉没，然后立刻再次熔融，被主体熔岩吞噬，即被熔岩湖的"地幔"回收。当旧的熔岩表皮消失之后，就会重新回到循环过程，于是，一层全新的熔岩表皮开始不断凝结，厚度也不断增大。

在这个过程中会出现一次短暂的间歇，然后，突然间，炽热的新裂缝将坚硬的外皮再次撕破，大量沸腾的熔岩喷涌出来，就这样，同样的画面又再次回放，尽管总是以不同的方式出现。对翻腾的熔岩湖所释放出来的所有巨大热量而言，这可是一场催眠般的、引人入胜的演出。

在一个仅有150米宽的熔岩湖中，我们看到了岩浆有节奏地翻滚着。同样是永不停息的运动，同样是破坏和更新的循环，我们在地球表面所有的海洋和陆地上都可以看到这些现象，这就是板块构造。地球深处的原始热量在上涌的过程中会产生对流，同时，地壳内的放射性物质也会产生更多热量，在它们的共同作用下，地球热机推动着大约 20 个嵌合在一起的坚硬浮块，使它们发生位移，这些浮块就叫作板块。在一些地方，板块会被动地相互滑过，但在其他地方，特别是在海底，上升的地幔柱会撞击板块，使板块断裂。滚烫的熔岩透过裂缝渗出，形成一个新的沉积层使海底扩宽，于是，在沉积层的推动下，大陆被迫分开。如果地壳的某些部分展开，那么其他部分一定会被压缩在一起。当密度较大的海底板块被挤向漂浮的大陆岩石板块时，总会有一个胜出者。密度较大且较薄的海底板块通常会被推到较轻的大陆板块下方，于是，板块上的岩石就会重新回到它们一开始形成地幔时的地方。在这个过程中，它们被一个叫作俯冲带的单行自动扶梯带回到几百千米深的地下。当温度较低的洋壳岩石板块下沉到炽热且具有可塑性的地球内部，并把更多的海底岩层一起拖下去时，整个海洋就会变得越来越小，直到最终完全结合在一起。随着海洋的消失，之前相距遥远的大陆就会相撞。由于两个大陆板块都是漂浮的，因此，它们会剧烈地碰撞在一起，就像一组摔跤运动员，相互之间都不愿屈服。最终，岩层开始扭曲、堆叠，并且逐渐变厚，形成绵亘的山脉。

　　板块在以难以觉察的速度缓慢移动，每年移动几厘米到十几厘米。从一个人的生命历程来看，我们谈论的只是走几步的事，但是，如果把它放在人类文明的长河中，这个数字就会达到几十米。几百万年来，地球的整个表面汇集了各个板块之间永不停息的挤推、漂移、分离和碰撞。板块移动的循环是先将碎裂的大陆板块分散到全球各个角落，再把它们重新聚集起来，形成一个单一的大陆块——超大陆，它被全球

上图　2.5 亿年前的地球上，所有的大陆都融合成为一个单独的超级大陆，即盘古大陆。

性的海洋环绕着。大约在 5 亿年前，相距遥远的大陆块渐渐汇聚。一组大陆板块从南极出发，一直向北漂移，形成了后来的南美洲、非洲、澳大利亚、印度和南极洲。在北半球，两个巨大的大陆板块渐渐相互接近，将后来形成欧洲、格陵兰岛和北美洲的碎片聚到一起。接着，南北大陆块逐渐相互靠近，把史前的海洋收缩在它们之间，形成一个狭长的热带海域。最终，大约在 2.5 亿年前，海洋封闭了起来，全世界所有的大陆都融为一个单独的陆地混合体，我们称它为盘古大陆——一块跨越赤道的巨大陆地。

　　也许，随着板块运动的起伏变化，盘古大陆恰恰是六个失去的世界之一，这六个世界大陆曾经都来过这个星球，然后又悄然离去。在大陆合并之前，板块

运动持续进行，在 6.5 亿～5.5 亿年前形成了潘诺西亚超大陆，并且在 18 亿年前还形成了罗迪尼亚超级大陆。在这之前，大约每隔 5 亿年，听起来像神话般的哥伦比亚超大陆、凯诺兰超大陆和乌尔超大陆便会没有规律地聚集或分裂，只遗留下它们模糊的移动痕迹。地质学家相信，超级大陆就像政治上的超级大国一样，终究会瓦解。因为它们巨大的规模会使地幔的热量困在下面，这样一来，当位于下层的地幔温度过高时，地壳上就会出现裂缝，岩浆随之逃逸出来，逐渐把原本合在一起的大陆板块撕开。

令人不可思议的是，我们在今天确实还能够目睹大陆被撕裂的场景。2005 年 9 月，数百次地震袭击了从阿法尔洼地到埃尔塔·阿勒南部一带，造成了一次小规模的火山喷发（据报道，熔岩正是从埃尔塔·阿勒火山涌出来的），并且撕开了一条长 60 千

上图 2006 年年末，埃塞俄比亚阿法尔洼地突然变宽了，当时，这个 8 米宽的地震裂缝将沙漠撕开。

米、宽 8 米的裂缝。虽然场面十分壮观，但是，与发生在地下的更为惊人的事件相比，它们只不过是配角。在沙漠地下几千米处，约有 2.5 立方千米的岩浆垂直注入埃塞俄比亚地壳内，体积是 1980 年圣海伦斯火山喷发岩浆量的 2 倍，流速比尼亚加拉大瀑布还要快1.5 倍。瞬间，阿法尔洼地被扩宽了 2～4 米。在今后几千万年内，这个过程将跨过关键一步，最终东非板块会与非洲大陆分离，海水涌入东非大裂谷，烂泥将盖满现在的沙漠和草原。

东非的境况同样也在其他地区发生着。整个世界都在运动，大陆板块在不断地移动、碰撞和分裂，海

大地！

1831 年 7 月，西西里南岸海域发生了一件令人不安的事情。地中海的海水开始翻滚、沸腾，然后大量的蒸汽和火山灰喷向高空，紧接着，伴随着雷鸣般的响声，火焰和熔岩灰烬便涌了出来。顿时，空气中弥漫着硫黄的臭味，海面上到处漂浮着死鱼。在海底深处，火山喷发把一小块海床抬高，直到它冲破海浪，成为地中海里最新的岛屿，并为我们带来如此令人震惊的消息。

这块小小的岩石岛屿，其直径不到 2 000 米，高度也只有 60 多米，在形成没多长时间后就引起了一次国际性政治争论。鉴于它靠近主航线，英国人看到了它的战略价值，并很快在上面插上了一面旗帜，称它为格雷厄姆岛（以詹姆斯·格雷厄姆爵士的名字命名，他后来成为英国第一海军大臣）。英国人刚刚离开，两西西里王国（当时的意大利尚未统一）的国王斐迪南二世就声称要得到这座小岛，并以自己的名字将它重新命名为斐迪南迪亚。同样，法国人和西班牙人也对这座小岛感兴趣，于是，这个岛便在某种意义上成了一个"旅游景点"。然而，就在人们为这座小岛的主权展开争夺战的几个月内，这座小岛却一直在悄悄地下沉，直到海水将其覆没。见到这种现象后，各国的"外交热情"才渐渐退去。1932 年，这座小岛彻底地消失了。

近年来，斐迪南迪亚岛又在耍它的老把戏了。1986 年，它因十分接近海面，以至美国飞行员误以为它是一艘利比亚潜水艇，突然用深水炸弹对其进行轰炸。2000 年 2 月，新的火山喷发使该火山距离海面仅有 8 米——这俨然对航海构成了威胁。一年后，新的火山活动引起了地质学家的推测，他们认为，下一次喷发将会使这个小岛重新露出海面，并会重新开启那些古老但悬而未决的外交争端。同时，据说意大利人已经潜到海底，在这块地下领土上插上了另一面旗帜，以提醒对手它的主人是谁，而我们只需静静地等待它再次上升的时刻。

上图 斐迪南迪亚岛近些年海底火山的喷发活动表明，地中海的这块不断上升的海床可能会再次露出海面，成为一个新的岛屿。假如这种情况发生了，谁将成为它的主人？

洋则不断地扩张或收缩。这些证据都刻录在我们脚下的岩石上，也重现了历史长河中地球表面发生的变化。但是，我们还可以在未来的时空隧道穿越，预测一下未来会发生些什么。在地中海，被困在欧非大陆交会处的那些凌乱散布的陆地将会被挤压，并在板块推动下继续上升，最终和喜马拉雅山一样高。澳大利亚板块正在移动，并最终与亚洲板块相撞，目前，它正从东南亚群岛中间穿过，为自己开辟一条向北的路。如果把目光投射到未来几千万年，澳大利亚板块的左上角将会被卡住，于是，它将会沿逆时针方向旋转，然后嵌入婆罗洲和中国南部，正如 5 000 万年前印度和亚洲相撞那样。与此同时，随着大西洋不断扩张，美洲大陆将继续沿着远离非洲和欧洲的方向漂移，但是最终，大洋的一侧将会形成一个俯冲带，从而使海底开始下沉并进入地幔。海洋的扩张将会停止，大西洋

上图　冰岛的热泉的确是个让人放松的好地方，只要你不介意和他人在一起洗澡，也不担心脚下是什么东西。

右页图　冰岛的斯特罗库尔间歇泉会定期"发怒"，它是由对流力引起的，这种力量同样在推动着地球的运转。

盆地开始收缩，美洲也将会重新折回，并与"欧非大陆"发生猛烈撞击。因此，从现在起的 2.5 亿年之后，一个新的超级大陆将会诞生——这不过是永不停息的行星改造循环中的又一个阶段，而推动这种循环的则是地球热机。

火与冰

每隔 5 ~ 10 分钟，就会有一股沸腾的水流向空中喷射而出，其高度可达 20 米左右；几秒钟之后，

喷泉开始平息，周围的泉水也趋向平静，池里又恢复了之前的静谧；紧接着，它再一次喷射。这就是史托克间歇泉，它也被称为"大喷井"，是世界上能量最大的间歇泉之一，也是冰岛首都雷克雅未克郊区的一个旅游胜地。它距离最初的盖锡尔间歇泉只有几米远，尽管后者现在只是偶尔才会吐出几缕泉水来，而且在过去几年内，它常处于休眠状态。史托克间歇泉很受大众的喜欢，为了目睹它那叹为观止的定期"发怒"的场面，这里的游客一直络绎不绝。但是，很少有人意识到，推动这个间歇泉的力量，或者推动着事实上和它一样有名的美国黄石国家公园的老忠实间歇泉的力量，同时也在推动着地球的运转。

冰岛人对地球上火山活动变化无常的特性非常熟悉，同时也没有任何地方比冰岛更能反映地球的波动性了。像地震、洪水、冰川破裂、海潮、风暴和气候紊乱等自然现象都在折磨着这块狭小的陆地。1 000多年来，生活在这座岛上的居民世世代代都必须顽强地面对定期喷涌而出的熔岩，其中一些来势极其凶猛，少数还会带来灾难性的毁灭。但是，凡事都有两面性。很多家庭都装有供热的发电设备，以便可以使用地下循环的热水。吸引游客蜂拥而至的泉水中富含的矿物质，对身体有一定的治疗作用，在热乎乎的温泉中放松一下的确是一种极大的享受，只要你不介意和众多游客共用洗澡水。然而，当嬉闹的游客知道水被加热的具体过程之后，很可能就不会那么放松了。

冰岛位于一个"热点"上——一个直径达100千米的巨大上升地幔柱，它像是地球地幔深处一个巨大的本生炉。大约在地面以下200千米的地方，上涌的地幔柱开始向外蔓延，不断寻找着可以冲破地面的突破口。那里的陆地被撬开，熔岩从堆积的裂缝中挤上来，这些裂缝与阿法尔洼地的裂缝比较相似，并且

因欧洲和北美洲构造板块之间的激烈竞争而减压，于是，热量以火山、间歇泉和冒泡的岩浆池等形式喷发出来。板块构造的影响在冰岛北部的克拉夫拉火山周围比较明显。在这里，每隔几个月，地面的裂缝就会变宽，同时也会出现新的裂缝。有时候，地面在突然下沉之前会先上升一到两米，这是火山即将喷发的征兆。1975—1984年，冰岛东北部地区的裂缝加宽了7米，这将纽约和伦敦之间的距离推向更远。东西部地区之间的板块分裂甚至塑造了冰岛的历史。公元930年，一群冰岛酋长为了解决他们之间的争端，齐聚在冰岛西南部的辛格韦德利。他们的上方有一面高

上图 世界上最古老的民主议会曾经在冰岛辛格韦德利的露天广场举行会议，这里的天然火山裂缝是北美洲和欧洲板块交会的地方。

耸的岩壁，形成了一个天然且具有奇妙音效的圆形剧场，于是，在接下来的 8 个世纪，这里就成了冰岛政府的所在地。那些早期的民主先驱不知道的是，他们把议会建在了北美洲和欧洲板块之间的火山裂谷中心——世界上第一个议会所在的好位置。

巨大的地幔柱并不仅仅为冰岛提供热量，它还塑造着这座岛。几百万年来，熔岩不断地在大西洋海底喷涌，因此，在 1963 年当海洋开始沸腾，火红色的熔岩出现在雷克雅未克东南部 100 千米附近的涌浪中时，也就不足为奇了。新的熔岩发出咝咝声，不断向海洋涌进，这个过程持续了三年半，然后，熔岩一层层地积累，形成一座岛，很快便成了被称作韦斯特曼纳群岛的第二大岛屿。这一连串岛屿为冰岛的渔船队提供了避风港，因此，10 年之后，当第二次火山喷发时，这里就成了冰岛最受关注的地点。这一次是因为赫马岛（韦斯特曼纳群岛中面积最大的一座岛）上有居民居住。虽然赫马岛比曼哈顿小很多，但是从 1.6 千米长的裂缝中喷出的熔岩足以将纽约的

左图　安腊喀拉喀托火山的卫星图像。

右页图　在夏威夷"大岛"的基拉韦厄火山上所看到的烈焰冲天的景象。

第 84~85 页图　基拉韦厄火山的泄漏管道常常将炽热的熔岩流注入海洋。

整个金融区淹没，只剩下几座摩天大楼的顶端露在外面。这次喷发恰好发生在赫马岛城镇和港湾的入口处，这里也是冰岛最重要的渔业中心，其产值大约占冰岛出口收入的 1/12。因此，这个地区的损失意味着一场全国性的灾难。于是，渔船连夜对该镇居民进行疏散，但是，几百个当地居民却返回这里，用水泵和推土机来对抗熔岩浪潮。他们历经 48 小时的轮班工作，连续奋战数月，终于堵住了肆虐前进的熔岩，阻断了它对城镇的侵袭。1973 年 7 月 3 日，火山喷发结束了，这座城镇终于得救了，那座珍贵的港湾也完好无损。

在地幔柱能量的推动下，火山喷发在世界各地都塑造了岛屿。冰岛刚好位于板块交会处，而其他热点则出现在地幔柱穿过海洋板块中间的地方。其中最著名的一个热点位于太平洋中部，在那里，大量向上涌来的滚烫熔岩反复冲击着上方移动的板块。如今，这个地幔柱矗立于夏威夷群岛下方，为基拉韦厄火山（世界上最活跃的火山）提供燃料。但是，向西北部延伸的却是一系列死火山，它们曾经位于地幔柱上方，其中最大的几座仍然矗立在海面上，并形成了夏威夷群岛。但是，还有几十个年代更久和侵蚀程度更严重的火山，它们已经沉没于海底，并且形成了一片广阔的海底火山带：帝王海底火山。夏威夷岛现在正处在火山活动地带。从它们在海底的山麓大小来看，夏威夷的冒纳凯阿火山和冒纳罗亚火山是地球上最大最高的火山，底部直径约为 200 千米，高度则超过 12 千米[1]。由于基拉韦厄火山不停地喷出新的熔岩，因此，夏威夷岛仍在继续扩张。然而，有个觊觎者正在等待

[1] 《中国大百科全书》第三版网络版"夏威夷岛"词条中记载，最高点冒纳凯阿火山海拔 4 205 米，若从位于海平面下 5 998 米的太平洋海床基底起算，就是世界上最高的山脉。"冒纳罗亚火山"词条中记载，海拔 4 170 米，若从太平洋海底基座起算，则达 8 800 多米，堪与珠穆朗玛峰比肩。——编者注

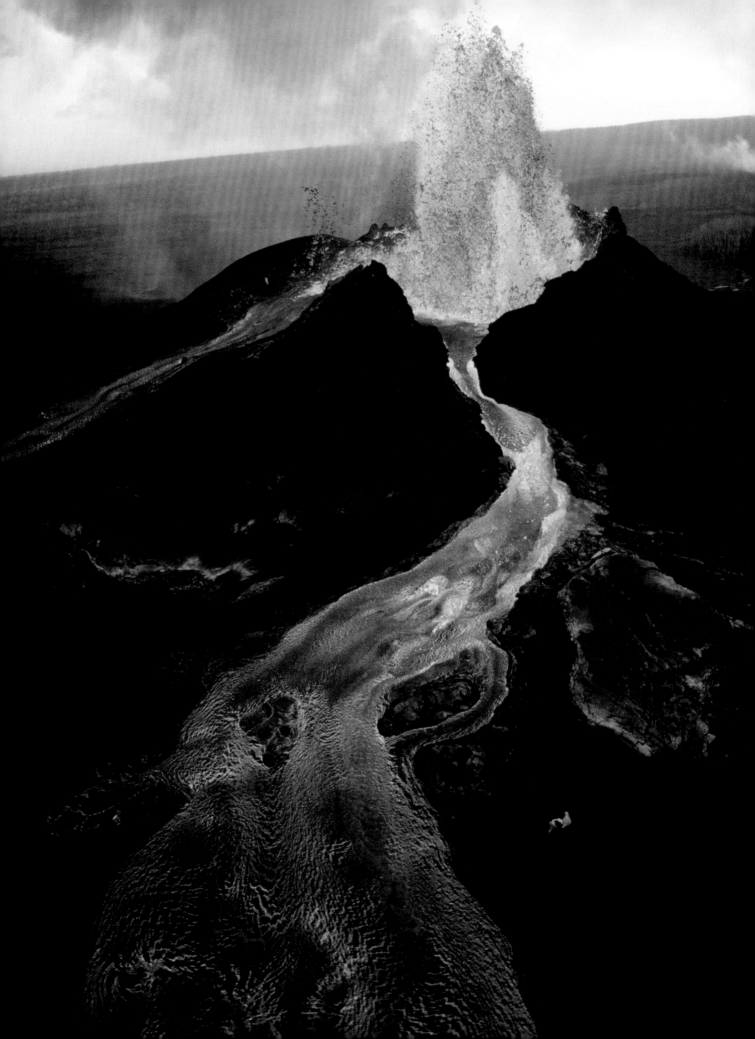

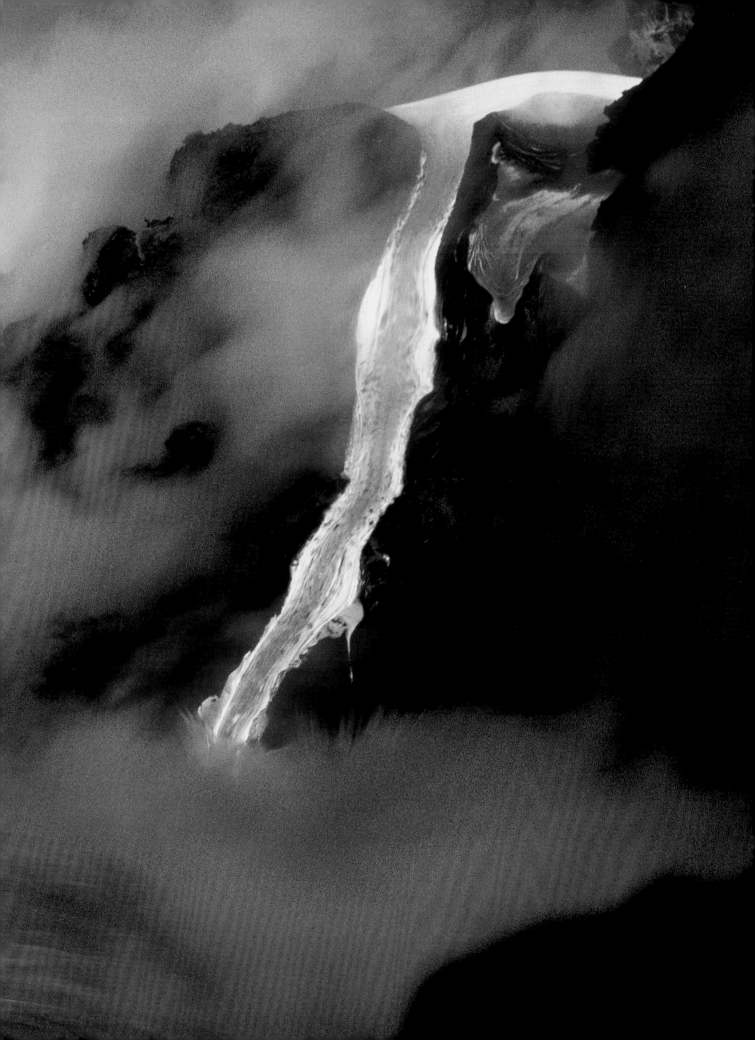

这个机会。在夏威夷岛的东南部有一个新兴的海底火山——罗希海底火山。这座火山必定会不断扩张，成为下一个夏威夷岛。

地球上的大部分火山都位于板块交会处，板块之间的缝隙在地球表面纵横交错，看上去就像一个棒球表面的缝线。熔岩从海底的数千座火山中悄然渗出，不断挤压着板块之间张开的裂缝，而这个过程我们几乎不会注意到。然而，很多体积巨大且威力很强的火山处于陆地表面，而且，它们是在板块交会处而不是在板块分离的地方被发现的。当一个板块被挤压到另一个板块下方时，地下深处巨大的热量和压力就会使岩石熔化，然后，其中一部分熔岩会寻找返回地表的路径，从而形成活火山，例如太平洋附近的火山圈。在日本、印度尼西亚、菲律宾和阿留申群岛，以及北美洲、中美洲和南美洲西海岸的延伸地带的火山，包

括了世界上最活跃和最著名的几座火山。

地震周期

1835年，英国自然学家查尔斯·达尔文乘坐"贝格尔"号途经了加拉帕戈斯群岛，这次历时5年的环球航行激发了他进化论的思想。然而，在去往南美洲崎岖的智利海岸的大部分旅途中，达尔文所关注的并不是物种的起源，而是他周围奇特壮观的地质构造的起源。据说，对一位善于集思广益的地质学家而言，观察一座冰川、目睹一次火山喷发或感受一次地震，都是一种自然而合理的愿望。当达尔文到达加拉帕戈

月震和火星震

地震不仅仅在地球上发生，为了便于理解，地质学家比较喜欢以不同的方式来命名地球以外的地震。20世纪70年代初期，"阿波罗"号飞船的宇航员在月球上设置了检测月震的仪器——地震检波器。到20世纪70年代后期，其中4个仪器成功地记录了月震。与地球不同的是，月球没有板块构造。然而，由于月球表面经常遭受热胀与冷缩的交替，月球也常会感触到浅层震感。同时，在地下700～1 200千米内，月球还会遭受地球的潮汐力所带来的深层震动。正如月球的引力会造成海洋产生潮汐那样，地球强大的引力同样会对月球的外壳产生牵拉作用。

在太阳系的其他地方，地震情况就不那么清楚了。"海盗"号飞船曾把地震仪器安置在火星上，运行5个多月后地震仪器记录了几次可能的"火星震"，但是它们很可能是由"海盗"号着陆装置的风振噪声引起的。火星在过去曾经有移动的板块构造，但现在却找不到相关迹象，相反，这颗邻居星球似乎有一个"停滞盖层"——这个坚固的外壳使它内部的温度保持在一个较高的水平，从而使板块构造无法正常运行，但偶尔也会使岩浆喷射出来，然后，沸腾的熔岩就会在火星表面形成许多火山。通过雷达

监测到的图像显示，金星表面的某些特征与地球上的地震断层非常相似，但是，由于金星地壳缺水，因此板块构造一定不可能在那里发生。陨石坑计算研究显示，金星表面在3亿～6亿年前发生过彻底的改造，但是在那以后就没有出现过任何移动的迹象。

在更远处，"木卫一"和"木卫二"似乎遭受过震波冲击，而这些震动很可能是由木星引起的。木星的巨大质量所产生的潮汐力一定远远大于地球对月球所施加的引力，但是现在，我们并没有更先进的地震检波器来证明这一观点。

上图　在遥远的过去，火星可能也有一个可以移动的外壳，但是，缺乏"火星震"的现象意味着这颗星球的表面不够活跃。

斯群岛的火山热点时，他确实是一位名副其实的地质学家了，因为他见到了以上三种自然力量。

在巴塔哥尼亚的冰原上，达尔文跨过一些冰川，那里流动的冰川岬刚好被海水漫过。随后，他又来到了智利中部，发现这里的海岸遍布山脉，经常遭受动荡不安的地震和火山的侵袭。1835年1月19日，达尔文随同的船队停靠在了智鲁岛附近一个平静的港湾，在那里，他目睹了午夜时分奥索尔诺火山如烟花表演般壮观的爆发。当晚，这个地区非常"热闹"：一次剧烈的地震，外加两次火山喷发——向北770千米的阿空加瓜火山，以及更北处4300千米外尼加拉瓜的科西圭那火山。根据达尔文的记载，从它们涉及的大面积区域来看，这两次喷发相当于意大利的维苏威火山、埃特纳火山，以及冰岛的海克拉火山同时喷发。一个月以后（2月20日），这里又发生了数百年以来最大的一次地震。凡是达尔文去过的海岸，其附近的港湾城市都在瞬间被夷为平地，一些地区的房屋即刻倒塌。还有更多的灾难接踵而至。因为发生了海啸，在海岸线外就可以看到滚滚巨浪，数千米外就可以看到令人生畏的白色浪花。巨浪以排山倒海之势横扫海岸，比涨潮时的最高水位还要高出7米，淹没了从地震废墟中逃生的人。在这片区域，火山又一次爆发。

地质灾害带来的伤害令人震惊，然而，它所波及的范围也同样让人震惊。为了更好地描述这种现象的规模，达尔文设想了同样的事情发生在欧洲：

这样一来，北海到地中海间的所有陆地都受到了猛烈的震动，同时，英国东海岸的一大片土地连同偏远的几个岛屿也会永远上升。荷兰海岸要有一系列的火山喷发，并且在爱尔兰北端附近的海底也有火山喷发。最后，奥弗涅山脉、康塔涅山脉和多尔山上的古老火山口都要冒出一柱黑烟，而且长期猛烈地喷发着。两年零九个月后，从法国中部直到英吉利海峡，又将受到地震的破坏而成为荒地，并且在地中海永久升起一座岛屿。

达尔文亲身体会了那年一月的地震所带来的影响。在"贝格尔"号停靠的海湾附近，地面被抬升了大约一米，相比之下，距离稍远的一些岛屿则被抬升了两三米，于是，腐烂的贻贝沉积层被抬到高处，然后被风干。达尔文常常沿着海岸走动，他在距海面几百米高的地方也发现了同样的贻贝沉积层。对这位自然学家而言，其含义是显而易见的：绵亘的安第斯山脉是由一系列山脉连续抬升而形成的，海岸地区要经过数千次突然抬升之后才能达到这样的高度。就连他刚刚经过的那块高地也是以同样的方式形成的。根据山脉形成的方式，达尔文从中发现了地震周期。

根据地震周期理论，当集聚在地面以下的能量通过断层突然释放出来时，就会发生剧烈地震。断层是指地壳上一些细小的断裂。地震周期理论是1906年在旧金山震后的一片燃烧的废墟中发展出来的。当年，一次大的地震使这座城市燃起了大火，并将加利福尼亚太平洋沿岸地区向北推进了数米，使它偏离了先前与美洲其他地区的相对位置。1906年的地震给人们留下了不可磨灭的印记，无论是悬崖、地表裂缝、被劈开的树木，还是残破不堪的房屋和道路，都充分展现了一个潜藏在地壳中且长度达100

右页图　圣安德烈斯断层的沟痕，是由深层板块构造分裂所形成的，它把充满着怪诞色彩的加利福尼亚沿海地区和北美的其他地区分开。

千米的裂缝的威力。[①]当时，少数地质学家认为这些断层是由地震引起的，但大多数地质学家则倾向于认为这是地下封存已久的气体爆炸所引起的，有些人甚至认为这是触怒了天神。但是，直到1906年随之而来的一场"大火"，地方当局才提到了断层（因为他们不希望人们对地震抱有恐惧的想法，这样会使淘金热城市的经济热情减退），最后公布了断层才是这次地震真正的罪魁祸首。今天，这一点似乎更可以确定了，因为圣安德烈斯断层已经成了加利福尼亚最具特色的自然地标之一。在高空中，它的裂痕依然清晰可见。当天气晴朗的时候，飞行员在没有无线电和全球定位系统的情况下，参照地面上清晰的沟痕就可以从这个州的一端飞到另一端，甚至在太空中观察它，它就像一条手术缝合线一样将加利福尼亚州编织在一起。

根据现代的板块构造理论来理解，在断层的位置，板块一直在缓慢而持续地移动，炽热的熔岩从地下势不可当地向上喷发，也会为断层的形成提供能量，最终造成地面断裂。当两块巨大的岩层相互摩擦时，所产生的摩擦力就会阻止岩石的移动，即使作用于地面的张力不断增加，断层也会在一段时间内保持静止。随着压力的不断增加，岩层最终不得不屈服，于是，断层就出现了。陆地像拉链一样张开，断层就像一辆高速行驶的火车一样沿着地面撕开裂缝，此时，地震能量以地震波的形式从断裂点辐射式地释放出来。然后，一切又恢复了平静，断层运动也返回低潮，直到再次获得外力而开始滑动。

地震带环绕着地球，并标出了板块构造的边界带，在这里，板块之间因发生分裂而被拉开，在运动的过程中相互摩擦，或者汇聚在一起。达尔文在智利目睹的那次大地震，仅仅是南美洲西海岸众多地震中的一次。当地震发生时，太平洋海底板块被推向漂浮的大陆板块下方，就这样，一块巨大的岩层被推到另一块岩层下面，从而形成一连串的剧烈震动。从南美洲开始，地震带沿着太平洋火山带的一系列火山向东南亚方向移动，然后穿过密克罗尼西亚到达新西兰。在东南亚，我们会遇到世界上另一个大地震带，它向西延伸，经过喜马拉雅山脉、中东和欧洲南部，然后穿越直布罗陀海峡。这些位置都发生过大地震，例如，1755年夷平喧闹的里斯本的那场灾难性地震；1999年伊斯坦布尔警示我们的致命性地震；2004年节礼日（每年12月26日，圣诞节次日）发生在苏门答腊岛海域的那次悲惨的地震，当时地震引发的印度洋大海啸对该地区造成巨大的毁灭性影响。每当提及地震时，我们的脑海中通常会立即浮现出它的毁坏力量，然而这只是人类的一种偏差性的看法。一个半世纪以前达尔文就意识到，地震同样是一种创造和新生的力量。

侵蚀作用与山脉的形成

"山脉，之于地球主体的延伸部分，正如健壮的肌肉运动之于人体一样重要。"维多利亚时期的艺术评论家兼作家约翰·罗斯金沉思着。在19世纪中叶，当罗斯金写下这段文字的时候，山脉被认为是源于地球外表皮的收缩运动，地表起皱就像一个放久了的被风干的苹果外皮那样。到20世纪初期，人们把山脉的突起归因于厚厚的沉积物（地槽），它们因受到挤压而合拢，然后向上扭曲。今天，现代

① 圣安德烈斯断层贯穿于美国加利福尼亚州，长约1 287千米，伸入地面以下约16千米，处于向西北运动的北美板块和向西南运动的太平洋板块边沿，系交错挤压形成的转换断层型边界。——编者注

90

地球 行星的力量

雨的蚀刻

石灰岩是地球表面最常见的岩石种类之一。大部分石灰岩都是在浅海区形成的。海里富含碳酸盐的生物不断死去，其尸体被埋葬，最终形成了石灰岩。几百万年以来，它们形成的化石不断堆积，形成了一层层的石灰岩，其厚度可达几千米。它们是一个巨大的海底碳储存库，曾经使大气温度上升，但是现在却被封存在坚固的岩层中。在很多地方，板块运动将石灰岩质的海床向上抬升，当它们高于海平面时，就形成了陆地，于是，岩层再次暴露出来，重新经受着大气中的侵蚀力量。和其他种类的岩石相比，雨水对石灰岩的侵蚀要容易很多，通常把它们蚀刻成奇怪而壮观的独特风景。

最奇特的石灰岩地貌位于马达加斯加岛北部，在那里，古老的碳酸钙被雕刻成了锯齿状的塔楼，它们俯瞰着下面的丛林树梢。这种奇怪的构造被称作"特辛吉斯"（tsingys），当地人称之为"脚尖"，意指人类无法涉足之地。一旦走入其中，你立即就会明白这个词的由来：塔楼凹凸起伏的边缘很像剃刀，在热带雨水的侵蚀下，它们被磨得非常锋利。无论你从哪个角度看——用观察镜仔细观察造型丰富的岩面，还是从直升机上往下看——你都可以看到浅灰色的岩床上布满了凹槽和沟渠，形成大大小小的裂纹和裂缝，这些都见证了这块古老的海床正在被缓慢而无情地蚀刻。

下图 马达加斯加的"特辛吉斯"地貌，伊恩·斯图尔特正踮着脚穿过这些锯齿状的石灰岩尖柱。

地质学把山脉看作地球最让人叹为观止的表现方式，因为它向我们展现了缓慢移动的板块之间残酷的挤压、扭曲、断裂、移动，以及把岩层抬高的过程。地球上三个主要的山脉地带都限定着各主要板块之间的边界：阿尔卑斯山脉和喜马拉雅山脉形成了欧洲和亚洲南部褶皱的边缘；环太平洋山脉沿着火山带的俯冲边缘延伸；东非的崎岖山脉横跨非洲大陆张开的裂谷。此时，需要提醒你的是，地球上最大的山脉根本就不在陆地上。

海底山脉

假如我们可以把海水抽干，就会看到一番真正令人敬畏的景象。由于被下方的地幔柱高高抬起，所以，冰岛成为矗立在全球最长山脉上的最高峰。最长山脉即大西洋中脊。这条巨脊在大西洋底部绵延超过 1.5 万千米，而且，比海底周围的深海平原高出 4 000 米。类似的洋中脊从大西洋延伸到印度洋，然后穿过太平洋。在这些最显著的地方，板块在逐渐分开，新的地壳也在不断形成。结果是，这里形成了差不多 6 万千米长的绵延相连的山脉。在太阳系中，其他星球都没有这样的特征，唯有地球才拥有这样群山相连的山脉。

即便是古老的山脉，也是曾经的板块碰撞所留下的残存物。现在，这些山脉都依偎在大陆内部变形的核心地带，距离最近的洋中脊或俯冲带有数千千米远。一些退化了的构造带，如北美洲东部的阿巴拉契亚山脉，英国的喀里多尼亚山脉、格陵兰岛和斯瓦尔巴群岛，以及俄罗斯的乌拉尔山脉，仅仅表明了这里曾经是活跃区域。然而，这些山脉足有数亿年的历史，可是它们至今为什么依然傲然挺立？它们不应该早已被

侵蚀摧毁了吗？结果证明，虽然需要巨大的压力来建造山脉，但是，要想去掉它们，同样也需要花费很大力气。

岩层和山脉看上去坚固持久，但是，当你漫步在一片古老的墓地时，你将会看到石碑的边缘正在渐渐剥落，上面的字迹已模糊不清，仅历经一两个世纪的风吹、日晒、雨打，就被磨损成这样。然而，地球可以支配的时间不仅仅是几个世纪，而是几千万年到几亿年，在这样长的时间跨度内，所有的山脉必定都会消失。不仅如此，山脉一旦上升，就会开始分裂，因为当堆叠在一起的岩层开始移动时，压力就会减轻，山脉就会从裂缝处径直分开。岩层中较脆弱的区域开始分裂时，空气和水就会渗入，于是，风化过程就开始了。风化可能是机械的，岩层在物理作用下被分成碎块，也可能是在化学作用下发生的，在这个过程中，空气和雨水与岩层中的矿物质发生反应，形成容易脱落的柔软残渣。风化的过程缓慢而难以察觉，通常不会被人们看到，但它却是大自然侵蚀山脉的第一步。下一步就会更加明显：侵蚀将风化的岩屑剥落，把它们从山脉中清理出去，并最终冲向海洋。几个世纪以来，地质学家认为这也是一个缓慢而渐进的过程，但是在山脉中，它却能以极快的速度发生。

1991 年 12 月 14 日，刚刚进入午夜不久，在库克山（新西兰最高的山峰）东面山脚下的小屋里住着的登山者们被一阵低沉的隆隆声惊醒了，这声音很快转变成巨大的轰鸣声。当他们抬头仰望时，只见橙色的火花在夜空中飞舞，就在这时，岩层开始向下坠落。

右页图　绵延 2 700 千米的喜马拉雅山脉是在印度洋板块和欧亚板块相撞时形成的。在这张模拟彩色卫星图像上，红色区域代表植被。

几秒钟内，夹杂着冰块和岩屑的漩涡以每小时数百千米的速度横扫而过，凡是这团湿漉漉的东西经过的地方，都会引起一团混乱。当破晓时，这起事件所波及的范围就清晰可见了。来自山顶大约 1 400 万立方米的岩石已成了碎石和粉末，洒在塔斯曼冰川附近以及更远的河谷中。瞬间，新西兰最伟大的自然标志的顶峰就被削减了 10 米。花了数千年才建起来的"浮雕"，在短短几分钟的时间内就被毁掉了。

　　地质学家用一个词来形容新西兰山脊，即南阿尔卑斯山脉的锯齿状天际线，他们将其简单地称为"尖钉"。南阿尔卑斯山脉每年上升的高度可达 1 厘米，形成了一面 2 ~ 4 千米高的屏障，从塔斯曼海吹来的富含水汽的盛行风刚好经过这里。这里的年降水量为 1 500 毫米，大雨倾泻在西部陡峭的斜坡上，然后渗入地面，侵蚀着这里的岩层。于是，岩层变得易脆，并开始破裂。在热量和压力的重塑下，一个古老的沙质海床形成了易脆裂的垂直地层，它已经因地震变得支离破碎了，并在冻结和融化的交替作用下被撕开，在雨水和空气的作用下被侵蚀。最终，它会很容易坍塌，这样一来，锯齿状的陡峭山峰攀爬起来就会非常危险。登山者开玩笑地说，如果要攀爬这些脆裂的峭壁，你就必须在兜里装一颗鹅卵石，这样你就可以一直抓着一个坚固的东西。在这片崎岖的地带，所有锯齿状的山脊上都会有断裂的山顶不停向下滚落。山脉的自动滑坡可以降低山峰的高度，其速度不亚于地下能量将山峰向上挤推的速度。山体滑坡的大部分侵蚀是通过偶然但剧烈的岩崩来实现的，比如至今给库克山留下疤痕的那次岩崩。但是，其他侵蚀作用也会在这里发生。高山冰川猛烈侵蚀着岩石，高耸在雪线之上的山顶被不断研磨着。在遥远的山脚下，湍急的白色河水沿着幽深的 V 形峡谷奔流不息，这股力量足以将大批尖叫的旅行者冲下去，就像携带大量山体岩屑那样轻而易举。这里处处都在运动，处处都在变化。

岩崩、冰川和河流在南阿尔卑斯山脉的山脊上毫不留情地开辟着道路。山体因侵蚀不断被削减，大量岩石被移走，因此，它们变得越来越轻，锋利的骨架就露了出来。山脉和冰川很相似：它们坚硬的外壳部分漂浮在温暖而有弹性的地幔上，而大部分山体则隐藏在地表以下，只露出凸起的顶部。如果一座冰川的顶部被侵蚀，它就会在水面上浮起来，而且比之前的位置更高，然后，它会不断地调整位置，最终保持 9/10 的部分在海面以下。地质学家把这种趋势称作"地壳均衡"。正是在这种均衡作用下，山脉才会连绵起伏，并保持着这种姿势。从某种意义上讲，山脉并不是一次性完全形成，而后又紧接着被磨损的，而是在上升过程中逐渐被磨损的，同时会随着时间经历上升和岩屑脱落的过程。

喜马拉雅山脉

在地球上，再也没有其他的山脉比喜马拉雅山脉更加高大宏伟了。山脉中最引人注目的是主峰珠穆朗玛峰，它高 8 844.43 米，比人类迄今修建的任何建筑物都要高。它坐落于地球上最高的 100 座山峰中间，众多山峰共同组成了一个绵延 2 700 千米的大弧形山脉，形成了世界上最大的壁垒，将印度和尼泊尔与中国分开。每年，印度洋中饱含水汽的季风吹向北部，途经印度次大陆和孟加拉湾，然后向喜马拉雅山脉这堵高墙猛烈地撞过去。在季风时节，印度和尼泊

尔北部山坡上的降水量和亚马孙流域全年的降水量一样多。雷、雨、云无法攀上喜马拉雅山脉顶峰，少有雨雪翻过"世界屋脊"并到达更远的青藏高原。由此产生的雨影形成了地球上最为鲜明的天气对比：从南侧茂密的热带雨林开始，穿过令人眩晕的高山顶峰，再到高海拔荒漠——整段距离不过只有几千米。

在雨影区南部，季风暴雨更加速了地球上某些山脉的被侵蚀速度。暴雨的冲刷使山顶上的积雪和冰层开始松动，并且滑落下来，形成声势浩大的崩塌，把冰川碎片直接抛进水量充足且呈现出乳白色的河流源头，然后，这里的水蜿蜒而下，穿过深嵌在群山中的瀑布流向下方，最终，它必然会以比较舒缓的节奏流经雅鲁藏布江、恒河，再流入海洋。在崎岖的地带，几百万年以来，在源源不断的湍急水流的作用下，大量岩石被剥离，这样一来，山顶就会在均衡而持久的压力下上升，与此同时，地下深处的岩层与地球表面之间的距离也会更近。在地下数十千米处所形成的山脉带根部，大概将会沿最大的侵蚀带出现。这个过程是缓慢的，也是确信无疑的。

其他新形成的山脉，如安第斯山脉、北美洲西部的喀斯喀特山脉和中国台湾的海岸山脉，和喜马拉雅山脉及南阿尔卑斯山脉一样，也在不断上升，并且以比较均匀的速度发生着侵蚀。就连年代久远的高地也不例外。在几亿年以后，北美东部阿巴拉契亚山脉高低起伏的丘陵还将继续以每年几毫米的速度上升，这要感谢那些从下方切入山体的河流。而且，其他古老的山系也都有相似的历史。虽然山脉不会永远存在，但是，这种均衡的涨落确保它们在相当长的时期内巍立不倒，而使它们能够保持这一高度的恰恰是侵蚀的作用。

然而，有一个发现让人们非常关注：敲打在山上

超级火山

超级火山所蕴含的能量，相当于一颗直径为 1.6 千米的小行星的能量。但是，它们对地球造成破坏的概率却是小行星的 10 倍。直到最近一二十年，超级火山的幽灵才被曝光，其部分原因是迄今超级火山惊人的喷发从未发生过，还有一部分原因是这些"巨大的怪兽"几乎都潜伏在地下。

超级火山遍布全球，但值得庆幸的是，它们存在的数量很少。地球上潜伏在地下最大的超级火山地区有美国怀俄明州的黄石国家公园、加利福尼亚州的朗瓦利、苏门答腊岛的多巴湖和新西兰的陶波。

有人认为，超级火山是这样形成的：一个巨大的、膨胀的滚烫地幔岩石池以巨大的力量撞击上覆的地壳而形成裂缝，岩浆通过火山口的裂缝向上涌出。火山口形成环形连在一起，使地壳中部的整体结构遭到破坏，然后塌陷。这样一来，下面的岩浆库所受的压力就会减小，结果就像香槟瓶中的软木塞一样突然弹起。几乎所有封存起来的岩浆都向外喷射出来，形成灾难性的喷发。炽热的火山烟雾和火山灰以超声波的速度一直冲向平流层，把几十亿吨的碎屑和气体喷射到空中。烟雾形成的"薄纱"将地球笼罩，造成"火山冬天"，很可能会导致大量的生物灭绝。从更长远的角度来说，二氧化硫、二氧化碳等从火山中释放出来的气体将会导致全球变暖。而且，最近的研究表明，火山气体中的有害烟尘可能还会破坏臭氧层，形成臭氧洞，从而使更多致命的紫外线辐射到达地球表面。

只有能够储存巨量岩浆的火山才能被称为超级火山。任何一位跻身"精英俱乐部"的成员都可以释放出至少 300 立方千米的岩浆，这些岩浆足以将整个伦敦埋在地下 200 米深的地方。要记住，这还只是一次超级火山喷发。大约 3.5 万年前，意大利那不勒斯湾发生了一起大规模的喷发，坎帕尼亚地区被几米到几十米不等的火山灰掩埋。有些科学家认为，随之而来的全球气候恶化是压垮尼安德特人的最后一根稻草，由于现代人的入侵，他们已经进入了没落时期。

也许，我们人类也曾屈服于同样的命运。大约 7.4 万年前，苏门答腊岛的多巴湖区域发生过一次超级火山喷发，其规模比那不勒斯湾的喷发要大 10 倍。此次喷发喷出了 3 000 立方千米的岩浆，形成了一个直径数千千米的死亡与灾难地带。来自冰芯的证据表明，由此引发的火山冬季持续了若干年，造成了一次全球生态危机。有人认为，那些离开非洲的现代人类，曾经很可能因此濒临灭绝。因为基因数据显示，历史上曾经出现过一次人口"瓶颈"，当时，全球人类可能只剩下一万人。对一些人类学家而言，现代人类后来运用社会合作和沟通策略才使自己在冰期幸存了下来，他们完全胜过了尼安德特人，而这种策略很可能是他们在这次全球性的火山冬季中发展而来的生存机制。这种观点目前仍处于争议中，但可以据此判断出，我们是一小部分在逆境中团结起来的热带非洲人的后裔。

左页图 印度尼西亚的多巴湖是东南亚最大的湖泊。但是，请不要被它平静的外表迷惑，它的下面隐藏着地球上最大的超级火山之一。

右图 新西兰罗托鲁阿地区的一个正在冒气泡的火山泥浆池。

的雨滴被证明是控制地球气候机制的一个关键部分。

全球恒温器

一滴雨水就可以神奇地启动地球的温控机制。降雨会吸收空气中的二氧化碳，因为每一滴雨都会溶解少量的二氧化碳。两种物质结合会产生化学反应，形成一种弱酸：碳酸。这种化学物质使我们经常饮用的碳酸饮料产生气泡和刺激的味道。如果没有压力，二氧化碳不易溶解，因此，雨水中的二氧化碳要远比碳酸饮料中的含量小，酸性也会弱得多。即便如此，在相当长的时期内，雨水也足以将坚硬岩层中的硅酸盐矿物质腐蚀掉，并使它们变成柔软而松散的黏土。这种化学反应过程是风化作用的基础，它能产生两种非常重要的影响：一是毁坏岩石；二是把二氧化碳从大气中分离出来。

二氧化碳困于水中会形成碳酸氢盐，这时它的化学作用也已终止，随后被雨水、溪流和河水冲走，最终注入大海，开始被那里的生命吸取。在水下，有数百万种微小的海洋生物，如浮游生物，同样还有更大的生物，如珊瑚虫。碳酸氢盐和海水中的钙结合在一起，形成了碳酸钙，这是一种坚硬的矿物质，非常适合壳和骨骼的生长。当海洋生物死后，它们身体上比较坚硬的部位就会沉到海底，融入烂泥，其中包含的碳物质也会一起沉下去。随着时间的推移，烂泥会变得坚硬，因降落下的新的沉积层不断堆叠而变得更加紧实，其中的矿物质会结晶，渐渐地，它又会转化成碳酸盐岩：石灰岩。安全地封存在其内部的碳，正是当初随雨水落到地面上的碳。

当海底在板块交会的构造压力下变得弯曲时，海底的石灰岩就会被抬起，从而形成陆地乃至山脉（参

见"雨的蚀刻"，第 91 页）。然而，大部分石灰岩会沿着构造传送带被推向俯冲带，这个俯冲带位于某个大陆的海岸以下。于是在这里，海底的地壳消失，下沉到炽热的地幔中。在地表以下数十千米的地方，正发生着惊人的变化，大量的海洋生物化石沉积层因受到挤压开始变热，它的热量足以将石灰岩熔化，其中的碳被释放出来，重新成为岩浆中的二氧化碳。在气体结构产生的浮力作用下，这种熔岩通过裂纹和缝隙慢慢上升，到达地面，最终从火山中喷发出来。

火山，就像充满水蒸气的沸腾的大锅一样，不断地把温室气体排放到大气中，形成一层包裹在地球表面的"纱"，以防止来自太阳的热量散发出去。今天，我们把温室气体看成一种负面的东西，认为它会改变气候而造成全球混乱，然而，这些绝缘气体对地球起着至关重要的作用。要是没有它们，地球表面的平均温度将会降到 -20℃。但是，如果火山得不到控制，不断涌出的温室气体就会造成地球温度过高。正是谦逊而古老的风化作用通过从大气中转移二氧化碳，并将二氧化碳送回泥质的海床中，又通过火山再次循环，人类才得以幸存下来。

更重要的是，整个系统像一个恒温器，使地球温度保持在一个舒适的范围内。当气候变暖时，风化的速度就会加快，更多的二氧化碳被吸进海洋中，温室效应也随之减轻，于是，气候就会变冷。冷却会使风化的速度减慢，从而使火山中的二氧化碳再次积累，这样一来，气候又会变暖。这个运转过程是一种非凡的自然平衡行为，而支配它的正是地球内部的热机。这种内部的热量驱动着地壳永不停息地运动，把覆盖着石灰岩的海底推向火山处，从而将封存的碳释放出来，使其重新回到空气中。同样的运动也塑造着山脉，为风化提供了源源不断的新岩层。这就是终极循环程

序——一种非同寻常的全球恒温器，可以把地球上的大气、海洋和内热系统巧妙地联系在一起，使地球表面的气温维持在最适宜生命生长的范围内。

火山和物种大灭绝

有一种观点认为，火山在某种程度上是在培育和保护着地球上的生命。但是，倘若我们了解了火山极大的暴力性和破坏性，这种观点很可能就显得奇怪了。事实上，在地球历史上的某些时刻，火山似乎以其最大的限度验证了全球恒温器和生命的稳定性（参见"超级火山"，第 96 页）。

地球时不时地就会在一小段时间内喷出大量熔岩，并形成地质学家所说的"大火成岩省"（LIP）。大火成岩省群是由于多次熔岩泛滥形成的，由火山玄武岩层堆积而成，可以覆盖大片的区域。例如，印度的德干高原就是由溢流玄武岩构成的，厚度可达

上图　北爱尔兰安特里姆巨大的堤道——这是 5 500 万年前因地球最近一次的熔岩喷发而留下来的。

2 000 米，所覆盖的区域面积超过西班牙。这些巨大的熔岩流形成的时间只需几十万年——从地质学上看也就是一眨眼的工夫。

诸如此类的大喷发形成的原因并不十分清楚，但是它们可能和地幔柱在地下深处的"清嗓"有关。1994 年，法国地质学家樊尚·库尔蒂约在《进化的灾难》（*Evolutionary Catastrophes*）一书中提出，这些异常事件是大灭绝的引爆器，当其发生时，地球上的大部分物种会突然从化石记录中消失。在过去 5 亿年内这样的事件可能发生过将近 15 次，而地球上超过一半的物种在其中的 5 次事件中灭绝了。20 世纪 90 年代中期，关于小行星撞击的理论非常盛行，小行星撞击的时间与物种大规模灭绝的时间非常接近，但是 10 年之后，对大火成岩省的研究表

明，2.5 亿年前的那次最具毁灭性的生命灭绝发生时，地球正忙于制造陆地上现存的最大的大火成岩省，如俄罗斯中部的西伯利亚暗色岩（"暗色岩"源自瑞典语，原意是"阶梯"，用来指玄武岩岩层被侵蚀后所形成的阶梯状坡地）。6 500 万年前，当恐龙灭绝的时候，巨大的熔岩流形成了印度德干高原火成岩带，发生在墨西哥尤卡坦半岛海岸的小行星撞击事件似乎加速了本已严峻的状况。最近的溢流玄武岩喷发事件发生在 5 500 万年前，当时，一个巨大的地幔柱将北大西洋海底撕开，突然之间，海洋温度升高了大约 5℃，从而引发了大部分海洋生物的消失。今天，苏格兰西部的高地未必会有此次灾难中遗留下来的诸多火山爆发的特征。

因此，异常罕见的火山喷发与生物异常罕见的变化相一致。没有任何其他现象，尤其是被大肆宣扬的小行星和彗星撞击事件，与生态灭绝的极端情况有如此密切的联系。然而，地球上某个角落的熔岩大喷发又怎么会使远方的陆地和海洋生命惨遭灭绝？大部分地质学家认为，这是熔岩喷发释放出来的大量二氧化碳造成的。除了使大气变暖，这种气体还可能通过引发水中大量氧气消耗使海洋"窒息"，这被称为"缺氧事件"。虽然这种理论仍具有争议性，因为相关机制尚不清楚，但有一点是清楚的，即破坏大气层和污染海洋会引发灾难性的后果。

右图 车辆一直在火山灰的乌云的前面狂奔，以躲开 1991 年菲律宾皮纳图博火山喷发时引发的洪水般的火山灰。

第三章

大 气

1955 年，当冷战达到高潮时，美国空军开始了 Manhigh 计划。这项研究计划的目的是验证人类是否有能力进入太空。这项计划涉及一系列的高空气球飞行，其中第一项任务是由一位叫乔·基廷格的年轻飞行员承担的。7 小时的旅行将他带到 29 500 米的高空，最终安全着陆。这是一项非凡的成就，对基廷格而言，这仅仅是一次类似于"热身"的任务，而这项任务足以确立他在历史上的地位。

1960 年 8 月 16 日凌晨 2 点，在美国新墨西哥州沙漠的一个废弃的飞机跑道上，地勤人员开始给一只巨大的氦气球充气，这个过程持续了很久。凌晨 4 点，基廷格穿上了保暖衣和一套加压服，然后开始适应纯氧呼吸，通过清除血液中的氮来降低身体因压力下降过快而患减压病的风险。减压病就是如果身体上的压力急速下降，就很容易出现的一种症状。在温暖的沙漠的早上，他一直开着空调，这是为了防止他出汗，这样在飞行过程中他的衣服就不会被冻结。终于，在早上 5 点 29 分，他登上了一个悬挂在热气球下方的非加压式吊舱，然后开始飞行。100 分钟以后，他上升到了 31 300 米的高空。这是一项在太空飞行之外没有被打破的世界纪录。

当飞到 13 千米时，基廷格忽然发现右手的增压手套失灵了，但他仍然坚持继续，因为他担心如果把这件事告诉了地面控制小组，实验将会被终止。于是，他只能看着自己的手肿成平时的两倍大，直到在余下的任务中不听使唤为止。在温度只有 −70℃的高空，基廷格处在一个缺氧的环境里，而地球上 99% 的大气都在他的脚下。向前方望去，他能看到地球表面的弧度，而他上方却是一片漆黑。他在这个高度停留了 11 分钟，接着，他小心翼翼地用左手断开与吊舱连接的电源，检查了一下供气装备，环视了周围最后一眼，然后朝舱门走过去。他按下了绑在身上的相机的启动按钮，做了番小小的祷告，然后纵身向下跳去。

基廷格后来回忆道，刚跳下来的时候他仰面朝天，只见热气球在漆黑一片中飞驰而

| 左页图　稀薄而朦胧的大气层：要是没有它，地球将会成为一个死气沉沉的星球。

去。当然，这是基廷格在高空中飞驰，加速冲向地面，开启他所经历过的最高也是最长的一次跳伞旅行。13秒钟过后，一个小型的固定降落伞打开，但它不是为了阻止他下落，而是用来防止他快速旋转的。当时，他已经下降了4000米，速度为每小时988千米，即0.9马赫（声速的90%）。但是对基廷格来说，他并没有感觉到速度或者声音，因为他正穿过平流层往下降。平流层是地球上空的一层"薄纱"，是大气层外壳中的一层。

我们认为天空和云层离我们十分遥远，是我们和其他生命赖以生存的巨大的气层高度。但事实上，大气层相当薄，约为地球直径的1%——相当于苹果皮之于苹果的厚度。它是由几个各不相同的圈层构成的。处于底层的是对流层，所有的天气现象都发生在这里，比如云、风和雨。但是，这一部分大气层的平均厚度只有10千米，大型客机可以在上面飞行，从云端放眼望去，景色美不胜收。

对流层以上是平流层，这就是基廷格起跳的地方。它是从对流层层顶到约50千米的大气层，这一层含有珍贵的臭氧。我们现在知道臭氧可以抵抗太阳紫外线，保护生物免遭辐射。对流层的温度会随着高度的增加而降低，但是平流层却恰恰相反，因受到太阳强烈的辐射，平流层的温度会逐渐升高。再往上一层是中间层，这里是流星形成的地方。再往上一层就是热层。热层中包含了"卡门线"，即大气层和太空之间的分界线，为了方便起见，它被限定在了100千米的高度。但事实上，大气层在几百千米以上的高空逐渐

上图 乔·基廷格从太空边缘向地面俯冲。

变稀薄直至消失，因而并不存在这样一条分界线。热层中的少量气体分子很容易被太阳的能量分解，形成被称为"离子"的带电粒子，它们能把无线电波反弹回去，因此热层又被称为"电离层"。这个区域也是壮观的北极光和南极光距离地表最近的地方。最后，再往上700千米，就是极其稀薄的外层，这是一个只有氢和氦组成的气层。氢与氦的质量非常轻，能够逃逸到太空。

基廷格的自由降落持续了4.5分钟。他在平流层的降落速度达到最高，但随着空气密度逐渐增大，他下降的速度也随之减慢。当他降落到吊舱以下约21千米的高度时，终于到达对流层，重新进入了有天气的世界。这时，他的耳边响起了风声，这声音虽然震耳欲聋，却让他感到安心。云从他的身边疾驰而过，使他非常强烈地感觉到了速度的奇妙。这时，他又下降了大约5000米，当他距离地面还有5500米的时候，他的主降落伞打开了。在这之后，他降落得更加稳定和可控，他也许有片刻时间用来回想一下自己所创造的纪录，这些纪录至今无人超越。他回顾了降落过程中给他留下深刻印象的事件，包括外层大气环境恶劣以及所有生物赖以维持生命的空气层非常稀薄。

当基廷格接近地面的时候，有一个问题他或许没有想到：地球上的大气层和生命之间的关系是多么错综复杂。我们呼吸的空气不仅维持着生命，而且是由生命创造的。自诞生之日起，生命就改变着地球，时而轻微，时而剧烈，各种生物在塑造这个世界时会使用某种能量，而大气层的演化也许就是这种能

高原上的生活

根据对地球大气层外缘的定义方式，大气层的厚度从100千米到数千千米不等。然而，由于重力作用，大部分空气都在底层，所以，能为人类提供足够的呼吸的空气区域薄得出奇。大约有3/4的空气位于距离大气层底部11千米的范围内，而且，只有底部一半含有足够密度的空气供人类呼吸。随着高度不断上升，空气密度变得越来越稀薄，吸到人体内的氧气含量也越来越少。在海拔5 000米的高度，空气中所含的氧气仅为海平面附近的一半，因此，人们随时会遇上急性高原病——这种病能快速致命。虽然如此，人类还是能够适应它。登

山者在攀爬高峰之前，首先要花几天时间在中等海拔处歇上几天，以使身体能够有时间制造出更多的红细胞，从而更好地从肺部获取氧气。长期以来，高原上的居民都进化出了高原耐性。秘鲁安第斯山的拉林科纳达很可能就是地球上海拔最高的永久居民区，那里的5万居民居住在海拔5 100米的地方。原住民可能从他们的安第斯山祖先那里遗传了高原耐性，但即便如此，那里孩子的体形也非常小，这可能是因为当地的含氧量较低限制了怀孕期间营养物质输送给胎儿。在16世纪，当西班牙的征服者到安第斯山脉寻找金银财宝的时候，就

证明了他们无法适应高原环境。随后，西班牙人在玻利维亚安第斯山脉海拔4 000米左右的地方修建了一座规模较大的矿业城镇——波托西。1639年，一位名叫安东尼亚·德拉·卡兰查的学者兼修道士记录了当时的情况。据他描述，过去53年里，居住在此地的西班牙妇女生的每一个孩子不是在出生时夭折就是在出生不久后死亡。

下图　秘鲁安第斯山区的原住民已经适应了高原生活，那里的气压相当低，只有海平面附近的一半。

第 106~107 页图　大气层可能是用肉眼看不到的，但人在自由降落时，就像在海上冲浪一样。

上图　如果把地球大气层中的 5 140 万亿吨空气看作一个悬浮在地球轨道附近的单独球体时，它的体积其实非常小。

量的最好例证。基廷格不会有上述这样的想法，因为他这次大胆的一跳发生在全球变暖和臭氧空洞的讨论之前，同样也发生在英国科学家詹姆斯·洛夫洛克提出著名的"盖亚理论"之前。直到近些年，科学界才清楚地认识到地球的生命维持机制的运行是如何保持良好的平衡状态的，尤其是大气层如何在一个复杂的网络中发挥其核心作用，以使地球成为宜居星球。这种平衡包含了大气、陆地、海洋与生命之间错综复杂的联系，以及潮起潮落之间的循环周期。40 亿年来，这个系统一直在不断地变化与演化，因此，要想真正了解它，我们必须回到地球的初始阶段。

第一次呼吸

从某种意义上来说，我们有关大气的故事始于二氧化碳与氧气两种物质之间的一场"拉锯战"，因为它们对生命都起着至关重要的作用。它们在大气中的此消彼长也标志着地球进化史的关键阶段，强调了生命进化过程中的一些关键步骤。

要追溯那场史诗般的"决斗"是如何开始的，我们最好去澳大利亚最西部的终点站——珀斯以北，去寻找迹象。这段旅程将会带你穿越澳大利亚大陆的几个最美丽的乡村，那里遍地都是野花，还会让你亲身接触到许多羊群，它们在没有篱笆的牧场上悠闲地吃草。驱车去那里大约需要一天的时间，因此，明智的做法是及时出发，并在天黑之前结束你的旅行。这里的沿海地区曾是一个活跃的珍珠捕捞基地，经过德纳姆镇的时候，你会走过一条铺满牡蛎壳的街道。然而，你最终的目的地是鲨鱼湾。那是一片较浅的壮丽水域，成群结队的儒艮随处可见。儒艮是一种草食性海洋哺乳动物，在世界上最大的海草床上进食。在鲨鱼湾，你可以看到 10 000 多只觅食的儒艮游来游去，伴随它们的还有海龟、海蛇、蝠鲼、宽吻海豚和座头鲸。但特别值得一提的是，那些儒艮不会冒险闯入那部分海湾。哈梅林浦是一片宽阔的浅水区，那里的水清澈而平静。一些奇怪的、及膝高的块状物要么伸出水面，要么在水下闪闪发光，看起来或摸起

来就像石头一样，形状有点像缠绕泊绳的矮矮的缆桩。但它们不是石头，表层以下的部分摸起来会有点黏滑，仔细看还会幸运地发现一些往上冒的小气泡，因为它们是活的，至少最上面一层是活的。这些像石墩一样的石头被称作"叠层石"，它源自希腊语，意思是"岩石的床垫"。它们不停地生长，层层叠叠地堆积了数千年。叠层石是由一种被叫作"蓝藻"（有时被误称作"蓝绿藻"，但它不属于藻类）的微生物在"微生物垫"上生长而形成的。每长出新的一层，都会覆盖在成千上万个已死去的微生物的残骸上面。这些石墩的形成需要好几个世纪，而它们每年的生长幅度不会超过 1 毫米，而且，一旦它们开始露出水面就会停止生长。一个沙堤限制了流入哈梅林浦

下图 大气层的红外线图像显示出大气在全球传送热量时所形成的复杂气流。

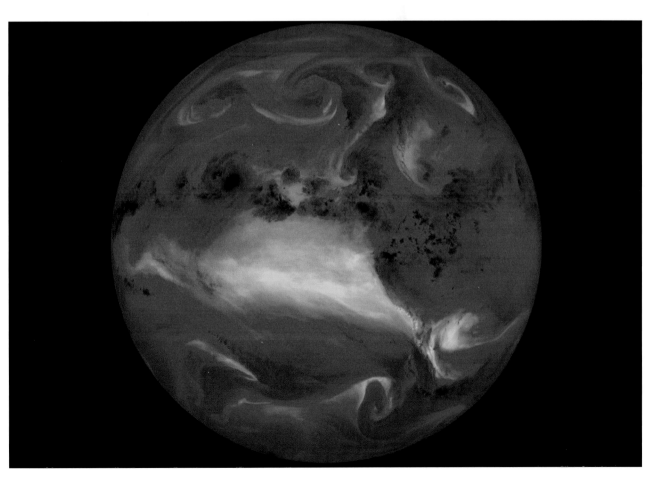

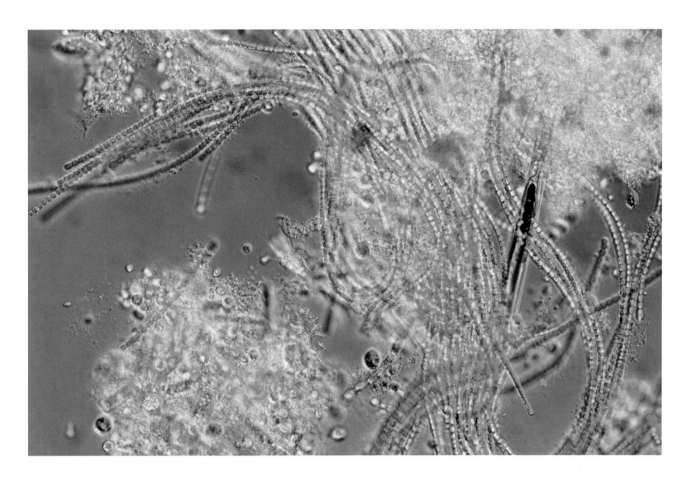

上图　通过显微镜可以看到生长在细丝中的现代蓝藻。这样的有机体是地球上最早的生命形式。

左页图　澳大利亚鲨鱼湾的活叠层石。创造这些结构的蓝藻是地球上最早的光合作用生物的直系后代。

的海水，使它的盐度升高到普通海水的两倍左右，这样一来，很少有以微生物为食的生物能够在盐度这样高的水域中存活下来，结果导致这里的叠层石越长越繁茂。

　　20 世纪 50 年代中期，在鲨鱼湾发现的叠层石在科学界引起了轰动，因为叠层石到目前为止只是被看作化石，而且是非常古老的化石。事实上，人们所知道的世界上最古老的化石是 35 亿年前形成的叠层石，其中许多典型的样本是在澳大利亚西部的空地上发现

的，那里离鲨鱼湾的现代叠层石不远。当你站在哈梅林浦边向太平洋眺望时，你就会有一种正在回望遥远的过去的感觉，而且可以瞥见 35 亿年前世界的样子。当时，细菌主宰着地球上的生命，形成了环绕全球海岸线的叠层石暗礁。当时与现在唯一的区别在于，天空是橙色而不是蓝色的，太阳才刚刚诞生 10 亿年，发出的光要比现在弱得多，而且，当时的地球也很年轻，大气层中充满了尘埃和二氧化碳。

　　一想到生命形式在 30 多亿年间几乎没有任何变化地存活下来，就着实令人震惊。然而，叠层石对这个世界的影响使得人类对它产生了特殊的感情。它那绿色且黏滑的石层表面冒出来的气泡为我们提供了线索，这种气体就是氧气，因为叠层石在进行光合作用——这一过程使地球上的各种植物能够以太阳的能

蓝色的天空，红色的夕阳

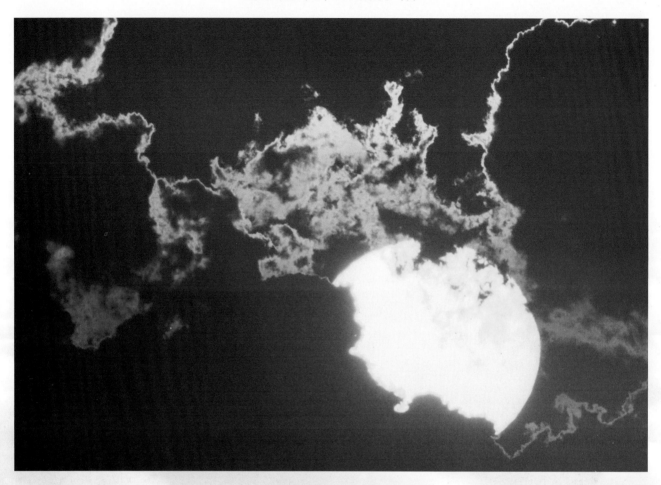

太阳的可见光是由很多种颜色组成的，这些不同颜色的光组成光谱。光谱和我们熟知的彩虹类似。光是以波的形式传播的，每一种颜色的光都有不同的波长。换句话说，每一种颜色的光波的振动频率都有所不同。红色光位于光谱的一端，它的振动频率最低，波长最长。蓝色光则接近相反的一端，它的振动频率比较高，波长几乎是最短的。极为凑巧的是，空气中的氮原子和氧原子的大小使得它们振动时的频率和蓝色光大致相同。因

此，当阳光照进大气层的时候，蓝色光就会与这两种气体的原子碰撞，使它们产生振动，然后，它会从四面八方随机反弹。蓝色光散射的时候，我们在任何地方都能看见，天空的颜色就是这样形成的。相比之下，波长较长的红色光能够直接穿过空气。然而，当太阳降到地平线以下时，阳光就会以比较小的角度照射到大气中，这样一来，它必须穿过更多的大气我们才能看到。所有的蓝光都会向外散射，只有像波长较长的红色光和橙色光才

能通过。因此，在日落和日出的时候，天空会呈现出红色。地球原始大气中的氧含量要比今天少很多，散射出去的蓝光也比较少，因而它的颜色会呈现出较深的黄色或红色。与此同时，年幼的地球周围盘旋着大量尘埃，会加强这种效果。

上图 太阳在低处发出的光穿过如此多的大气时，蓝色光会散射出去，只留下一抹红色的夕阳。

量为食。蓝藻和植物从空气中吸取二氧化碳，在太阳光的照射下使二氧化碳和水结合，并转化成糖，同时把氧气作为一种废料释放出来。正如小学生都学习过的那样，动物在此过程中扮演着反面角色，它们从空气中吸收氧气，以释放体内封存的糖分子能量，并将二氧化碳作为废物排出体外，二氧化碳又被植物吸收，继续这个循环。动植物与大气之间保持着一种完美和谐的关系，但并非一直如此。早期地球上空的空气中几乎没有氧气，最原始的大气是由行星吸积过程中一些封存在内部的沉积物排出的气体形成的。在"火山"一章中我们看到的像铁和镍这样的重金属都沉到了地核，而质量较轻的化合物则冒着泡地涌向地表。年轻地球的内部封存有大量的水。当全世界数百万座火山喷发时，地球上的水因沸腾而以蒸汽的形式蒸发到地表，伴随着的还有含硫的烟雾、二氧化碳、氮气、甲烷，以及像氩气等惰性气体。这就是早期大气的主要成分，但对我们来说，它们都是最纯粹的毒气。

最初的液态水很可能是在大约 44 亿年前开始在地球表面凝结而成的。首先出现的是池塘和湖泊。随着地球的冷却，池塘与湖泊的面积逐渐扩大，并最终形成海洋。不久之后，生命便以惊人的速度出现了。至于生命是以怎样的形式出现，并在哪里诞生的，这些都是科学界的未解之谜，而且，这些问题在很长一段时间内是难以回答的（参见"生命的起源"，第114页）。过去 20 年，科学家发现了"极端微生物"，这是一种看似能在极端恶劣的环境中越繁殖越多的细菌，如滚烫的火山岩浆中。这使争论的天平倾斜，海底成为生命诞生地的适宜地点。但无论生命起源于哪里，它似乎都经历了一个快速起步的过程。最明显的特征是同位素"碳 -12"和"碳 -13"之间的特定比例可以在格陵兰岛伊苏瓦地区发现的岩石中被检测

到。这些岩石可以追溯到 38 亿 ~ 39 亿年前，大约是在晚期大撞击事件结束时。当时，小行星和彗星已经停止了对地球的撞击。

最初的生命形式很可能是简单的碳基分子侥幸地进行自我复制而形成的。但不管怎样，它们一旦建立了自己，就开始繁殖、进化，增加复杂性，最终形成了酷似细菌的单细胞微生物。这些微生物对地球的统治时间长达 30 多亿年。它们中最早的很可能是从化学物质（化学合成物）中吸取能量的。然而，当大撞击时代结束时，地球表面成了一个更为安全的栖居地，于是，它们中的一些转向了阳光，并开始进行光合作用。

在日照充足的浅海区，微生物大量繁殖，长成了叠层石。如同今天的植物一样，史前的叠层石从大气中吸收二氧化碳，同时将氧气以气泡的形式作为废物排出。就这样，气泡不断地往外冒，致使地球早期无法呼吸的大气慢慢开始改变。但是，叠层石花费了很长时间才对大气产生了较大的影响，因为在接下来的 10 亿年左右的时间里，某些东西将会成为阻碍。

铁锈年代

为满足人类不断增长的钢铁需求，全球每年从地下开采出约 13 亿吨的铁矿石，而且，这个数字一直呈上升趋势。这些铁矿石全部来自大型露天煤矿，陆地上到处都留下了斑驳的痕迹。其中最大的矿区位于澳大利亚西部的哈默斯利盆地，这里每年可以挖掘出 8 000 万吨铁矿石。这里的地面被人类无情地钻探或用炸药炸开，大型挖掘机将铁锈色的矿石铲到巨大的卡车上，这些卡车一次的运量就可达 240 吨。最终这里形成了一条 5 000 米长的人造峡谷，峡谷的两边是

生命的起源

我们对于生命起源的具体时间、地点和方式并不十分了解，但是相关的理论并不缺乏。有些科学家认为，地球最早的生命来自火星或金星上的陨石撞击，因为早期这些行星的环境比地球更加温和、舒适。这些微小的火星生命或金星生命被冻结并释放到太空，它们一直潜伏在岩石的细小裂缝中，从而避开了太阳的致命辐射，直到它们坠落到地球上。还有更权威的说法，即生命起源于早期海洋的浅滩中。虽然很难想象，在地球遭遇小星系撞击，并且被太阳辐射直接照射的环境下，还有哪些生命能存活下来，但是，许多人认为，相对安全和隐蔽的深海海底是生命起源最有可能的地方。

海洋深处既没有干涸过，也没有出现过太热或太冷的情况，而且，也从未变得过于酸性或碱性。的确，虽然早期的海水是贫瘠的且稀释过度，还缺乏生命所需的矿物质，但是，后来从深海中渗出的营养成分通过海水在滚烫的火山岩发生渗滤作用后，再通过热液喷口喷射回来，这些营养物质就形成了。这些热液中携带着氮（如氨水）、硫化物、磷酸盐，以及微量的铁、镍、锰、钴和锌，它们对新生的微生物而言是最理想的化学成分组合。

今天，热液喷口大多位于新地壳形成的洋中脊，这里有时也被称为"黑烟囱"，因为它们在加热到400℃的水中会喷出黑色金属颗粒云。实际上，有些喷口更像是"冷却塔"，而不是"烟囱"，从那里喷出的热液烟羽可以上升到1 400米的高度，漫延至1 000米宽，还可以顺流漂浮到数十千米以外。然而，它们似乎不大可能成为生命摇篮的备选地，因为它们的排放物酸性极强，温度极高，足以使铅熔化。在远离洋中脊中心的地方，有着更凉爽但同样富含营养物质的热液喷口。2000年，地质学家在大西洋底部发现了一些壮观的热泉群。热泉中有近乎沸腾的、夹杂着金属的碱性水从神奇的海底"尖塔"和"楼塔"中喷发出来，这里因此得名"失落之城"。

要想知道早期地球奇怪的生态系统中都生存着哪些生物，我们有必要探访一下全球环境最恶劣的地区之一。位于新西兰北岛的罗托鲁阿是一处火山热点。虽然这里只有几百万年的历史（以地质学标准来看还很年轻），但是，它和幼年时期的地球有一定的相似之处。这里

右图　在新西兰的地热池中，滚烫而有毒性的水为大量嗜热细菌提供了生存和繁殖的家园。

右页图　滚烫而富含化学物质的水从深海热液喷口涌出。

是一片神秘的土地，火山活动从未停歇，热气腾腾的泥塘中不断冒出有毒的气泡，地面上点缀着可怕的含有化学物质的斑块。位于罗托鲁阿以南的怀奥塔普有一座著名的"香槟池"，它是一个五彩斑斓、富含化学物质的"大汽锅"。这里的水温高达75℃，足以将手指烫伤。这里到处弥漫着恶臭的硫化氢味道，以及含量足以致命的砷。然而，数以亿计的生物却在这种有毒的溶液中繁殖生长，它们是嗜热细菌——一种用硫和其他化学物质来促进新陈代谢的喜热的细菌。与利用阳光进行光合作用来制造食物的蓝藻不同，嗜热细菌是通过化学合成来实现这一过程的。它们在"香槟池"所承受的温度和深海区热液喷口的温度不相上下。数百万个嗜热细菌覆盖在岩石上，形成一层毛茸茸的橙色纤维。对人类而言，这里的水可能会致命，但是对生活在这里的细菌来讲，这些由"女巫"酿造出来的化学物质则是它们真正的"伊甸园"。

虽然我们不能断定生长在这里的细菌与40亿年前孕育生命的细菌之间是否有相似之处，但是，地球上早期的生物很可能是靠化学合成来承受极端恶劣的环境而生存下来的。事实上，从罗托鲁阿热气腾

腾的火山仙境到南极的冰冻荒原，在所有不太可能出现生命的地方，我们都能找到现代嗜极细菌。人们发现无论是在幽深矿井的岩石上，还是在深藏海底数百米的泥滩中，细菌都随处可见。有些细菌甚至能在数百万年之久的深海沉积物中被找到，而且它们仍然活着，只是处于一种"假死"状态。即使是在穿

透地球基岩的几千米深的钻孔附近，也能发现所谓的地下生命在那里存活。地壳的上部很可能到处都是这些生物，从而形成一个巨大的生命王国。对于这片广阔的领地，人们已经开始把它称作"深层生物圈"了。

由层层基岩切割成的蜿蜒的阶梯状地貌。从飞机甚至卫星上向下观看，陆地上的这个大坑犹如一个巨人的指纹。

目前的铁矿是从一种古老的岩石中提取的，如今地球上已不再形成这类岩石。这类岩石的雏形是数十亿年前的海底沉积物。它有一种漂亮的结构，地质学家称其为"带状铁层"。里面含有的细长条纹的微红色氧化铁，就是我们比较熟悉的铁锈。它与灰色的硅石条纹和页岩交替出现，形成了起伏的波纹状或螺旋纹状的平层。全世界几乎所有的铁都源自带状铁层，并且在地球上某些最古老的岩层中才可以找到。然而，更值得注意的是，封存在铁层中并生成铁锈的氧气是由最早的叠层石产生的。

在地球的原始海洋中，由叠层石产生的氧气不会轻易逃逸到大气中。按照我们的标准来看，早期的海洋非常脏。今天我们可以通过黑海提供的线索了解到它们当时的情况。黑海最深处的水域中含有极少量的氧气，而且几乎是一潭死水。那里最复杂的生命形式是微小的线虫，它们能在没有氧气的情况下完成生命周期。在深海区，细菌也会繁殖，它们产生出硫化氢，然后把它作为废气排出体外，因此，水面上会时不时地有大量气泡涌出，同时散发出一股恶臭的气味。30亿～40亿年前，海洋也同样是一潭死水，那里几乎没有氧气，细菌是唯一的生命形式。海水中含有从地壳中浸出的铁盐，叠层石中释放出来的氧气就会与铁发生反应，形成氧化铁——铁锈。铁锈下沉到海底，沉积成细密的一层并在那里完好无损地储存下来。起初只是薄薄的一层，但是经过几年、几个世纪乃至几

| 右图　生锈的岩层组成了带状铁层。

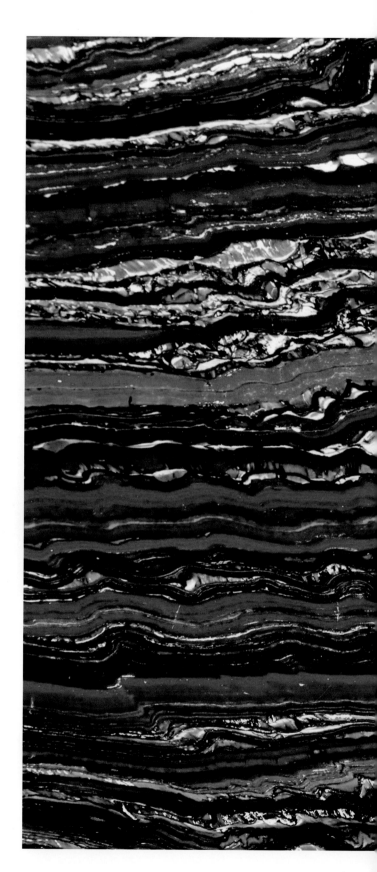

臭氧层空洞

假如你从未听说过小托马斯·米奇利，或许还情有可原。米奇利是一位美国机械工程师和化学家，因患小儿麻痹症而致残，于1944年被滑轮绳索缠住，窒息而死。这套绳索滑轮系统是他在瘫痪后为便于起床而设计的。在去世之前，美国化学学会曾授予米奇利两枚荣誉奖章，以表彰他在化学领域做出的贡献。或许还值得庆幸的一件事是，在有生之年，他并未意识到自己的发明会带来灾难性影响。其中一项发明是汽油抗爆铅添加剂，现在它被认为是一种危险的污染物；另一项发明是冰箱制冷剂氟利昂，这是CFCs（氯氟烃）中的一种。CFCs满足了消费者的需求，因为之前的冰箱制冷剂有毒且易爆，但是，CFCs似乎完全是惰性的。随后，它们成为气雾罐完美的推进剂，并进一步被推广使用。

在米奇利去世大约30年后，他的发明所产生的真正影响才开始显现出来。他的一生曾备受赞誉，但现在他被人们称为"地球历史上对大气影响最大的个体生物"。原因是CFCs正在悄无声息地并且在隐形的状态下对大气层造成破坏，它们正在地球的臭氧保护层上制造着一个越来越大的空洞。

1971年，为了对大气层进行研究，英国科学家詹姆斯·洛夫洛克（"盖亚理论之父"）登上了一艘在南大西洋研究大气的考察船，他的测量结果引发了一个惊人的发现：全世界曾经排放的所有CFCs似乎都还停留在大气中，除了增加空气中的霾，当时的洛夫洛克还没有意识到它们可能会产生怎样的危害。1974年，美国化学家弗兰克·舍伍德·罗兰和墨西哥化学家马里奥·莫利纳发现，CFCs并不像人们曾经想象的那样非常惰性。在大气层上方，它们被紫外线分解，释放出活性极强的氯原子，而氯原子会对臭氧进行破坏。颇为讽刺的是，现在莫利纳和米奇利的名字出现在同一份化学奖获得者的名单上，但莫利纳的成果却揭示了米奇利的发明所带来的严重后果。

20世纪80年代初，在南极进行的测量结果震惊了全世界：臭氧正在以超出人们想象的速度迅速消失。现在，每年南半球的冬末和春季都会有巨大的臭氧空洞在极地上空形成，

这样一来，陆地上的人们就会受到威胁，因为他们会暴露在有害的紫外线辐射下。但是从这个故事中我们也看到了希望。一旦人们意识到问题的严重性，国际社会就会立刻采取行动，在全球范围内强行禁止使用CFCs。虽然臭氧空洞仍在继续形成，但是它已经稳定了下来，而且，在未来的几十年内，它们会逐渐恢复。这都显示出，政府当意识到环境受到威胁时，就会采取一些相关措施，这让我们看到了希望，因为我们可以通过类似的方式来应对全球变暖。

下图 臭氧空洞的模拟彩色卫星图像。每年南半球的冬末和春季，这些空洞都会在南极上空形成。

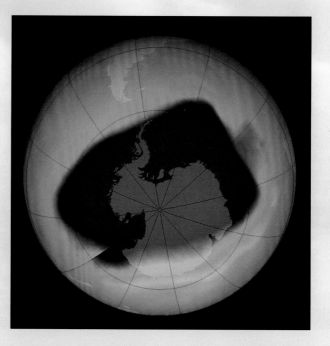

千年以后，积累的层数越来越多，而这个渐进的过程则是由叠层石缓慢且分层的生长规律决定的。

这个累积过程发生在全球范围，并且持续了 10 多亿年，直到铁渐渐地耗尽。当铁全部消失，氧气逐渐使海水饱和，并无处可去时，氧气唯有上升进入大气。这个过程很缓慢，但可以肯定的是，从大约 27 亿年前开始，地球大气中就充满了我们今天赖以生存的气体，天空也褪去了令人恶心的红色，变成了我们熟悉的蓝色。

情况还不止于此。随着大气中氧气浓度的上升，氧分子因受到大气层上层中的紫外线照射而分解，形成单个的原子。然后，这些原子三个一组地重新结合在一起，形成了臭氧。这些分子很不稳定，它们又不断地还原为正常的氧气。这个循环过程不断地重复，就这样，臭氧层在平流层中形成了，开始保护地球表面，使其免受具有破坏性的紫外线的辐射。因此，叠层石不仅创造出了人类赖以呼吸的大气，而且还保护人类免遭太阳危险紫外线的侵害，从而使我们星球的表面成为一个安全的、适宜生存的地方。可见，人类从叠层石中得到了许多恩惠。

深度冻结

大约在 25 亿年前，大气中的含氧量急速上升，这也标志着氧气和二氧化碳之间的第一场大战达到了高潮。至少从地质学的角度来看，地球历史上的这一时刻与最初几次世界末日般的冰期中的第一次是一致的。那时候，冰盖似乎包裹了整个地球，从而导致了冰雪地球时代的来临（见第五章）。虽然现在还不清楚是什么引发了 24.5 亿年前的那次大冻结，但是有一种理论认为，氧气应该对此负责。大气中氧气比例

的上升会降低其他气体的浓度，特别是甲烷，这是一种比二氧化碳厉害 21 倍的温室气体。由于吸收热量的甲烷含量减少，地球上的气候开始变冷，直到冰覆盖整个地球这个"拐点"之后，地球陷入了冰冻状态。虽然现在还不清楚那次寒冷期持续了多久，但似乎是火山喷发中的二氧化碳的稳定积累使它最终宣告结束了。有些科学家认为，当时的二氧化碳浓度一直在上升，甚至是今天的 350 倍，造成了温室效应大幅增加。可见，二氧化碳也展开反击了。

大约 22 亿年前，氧气浓度又再次缓缓上升，达到了现在氧气浓度的 5% ~ 18%。在接下来的 15 亿年里，大气似乎进入了一种持久的平衡状态，在全球恒温器的作用下，地球气候出现了持续的稳定（见第二章）。这段平稳期内似乎不会发生什么，但有一件事情除外，在此我们有必要提及一下。大约 20 亿年前（或者根据有些科学家的说法是早在 27 亿年前），一种新的生命形式出现了。和拥有简单细胞但没有细胞核的细菌不同，这些新的生命体拥有复杂而高度组织化的细胞，它们的 DNA（脱氧核糖核酸）被包裹在细胞核内。这个刚刚进化的群体利用不断增加的充足氧气将有机分子分解，并从中获取能量。它们几乎是今天生活在地球上的所有多细胞生物的祖先，包括人类。

这个平稳期大约在 7.8 亿年前结束了。当时，全球恒温器出现了故障，地球再次陷入一系列冰雪地球状态，这一次持续了 1.5 亿年。温室气体又一次拯救了我们。在这次回暖之后，生命有了一次巨大的飞跃：细菌时代被动物时代代替。多细胞生物的躯体形成的化石大到足以能够用肉眼看到——长得既怪异又奇妙，如帕文克尼亚虫，是一种体形微小的软体动物，外形像盾，再比如狄更逊水母，外形看起来像乱蓬蓬

的浴垫，可以长到1米长。这群软体动物被统称为"埃迪卡拉动物群"，该名字源于南澳大利亚的一个小城——埃迪卡拉，因为这些动物化石是最早在那里被发现的。

埃迪卡拉动物群享受着宁静的生活，它们懒洋洋地躺在海床上，通过皮肤来汲取营养物质。但是，很快生命进化出新的形态，这些动物有着坚硬的骨骼、夹钳和保护壳，于是，温和而平静的埃迪卡拉"花园"变成了一个弱肉强食的残酷世界。随着冰期的结束和全球恒温器的重新运转，在这种情况下，生命以极快的速度进化。新的物种激增，它们在整个海域蔓延开来，并在那里繁衍，由此产生了现存的许多主要动物群落。

火和巨型生物的领地

大约5.3亿年前，出现了寒武纪生命大爆发。从那时起，氧气量继续以飞快的速度上升，并成为生物进化的主动力。在4亿~5亿年前，即志留纪，维管束植物登上陆地。地面上率先出现了一些诸如苔藓和苔类的简单植物，紧随其后的是一些体形较小的动物，如千足虫。随着氧气浓度的上升，新的生态系统的高度和复杂性也在增加，直到最终形成了郁郁葱葱的沼泽森林。就这样，地球历史上一个最不同寻常的时期开始了：石炭纪——因树木残骸形成的深层煤炭而得名。现在，全世界都在开采那些古老的森林，而在过去，它们曾为地球上某些最奇异的生物提供栖居家园。

在英国德比郡的煤矿区，矿工过去常常发现树叶上留下的痕迹。他们凿出这些样本，带回家给孩子们玩耍。但在1979年，在博尔索弗工作的矿工们偶然发现了一块完全不同的化石。那是一只蜻蜓的化石，

地球·行星的力量

上图、右页上图 石炭纪时期的植物化石。

右页下图 石炭纪时期的一个大蜻蜓化石，但它无法在现在的大气中飞行。

但那只蜻蜓却有着与众不同的特征：它的翼展有半米多长。任何一个害怕爬行动物的人，都会发现石炭纪是个真正恐怖的时期，因为博尔索弗蜻蜓就是这一时期成长起来的众多巨型动物之一。这里有1米长的蝎子，甚至长得更长的千足虫，蜉蝣的翼展达到40厘

气传送到体内的深层组织。在今天的大气层中，一只像博尔索弗化石样本那么大的蜻蜓将不能以足够快的速度振翅高飞，因为它的飞行肌会缺氧。要想飞到空中，它就必须在氧气浓度比我们高得多的空气中飞行。

计算结果显示，石炭纪的空气中含有 30%~35% 的氧气。氧气浓度能够如此高是因为煤炭。如果掩埋在地底下的死去的植物残体中的物质没有被完全分解，再经过很长时间的压缩，就会形成煤炭。3.75 亿年前，石炭纪时期沼泽森林已经在以惊人的速度储存最早的炭层了，这个过程持续了数百万年。事实上，全世界 90% 的煤层都源于这个时期。当石炭纪的植物死去之后，它们的残体一定会在地面上不断地堆积，或许是因为沼泽地是滞留区，或许是因为当时的细菌还没有进化出消化木材中木质粗纤维（木质素）的能力，总而言之，死去的植物残体并没有完全进入再循环过程，碳和氧之间的循环出现了不平衡。树木通过光合作用吸收二氧化碳，同时排放出氧气，但是相反的程序却没有发生——碳仍然被封存在植物体内，而氧气却没有在腐烂的过程中耗尽。因此，当森林长得越来越茂盛时，就会产生越来越多的氧气，大气中的氧气浓度也会随之上升。可见，生命又一次创造出了可供其自身实现飞跃式进化的环境。

石炭纪时期的地球是一个绿色的世界，到处覆盖着苔藓、藤蔓、马尾草和蕨类，赤道地区的大片土地是森林沼泽的天下。然而，富含氧气的大气却引发了其他事件。这个时期的化石记录中出现了最早的木炭，这就表明当时的大气中含有充足的氧气，足以引起火灾。大约从 3.65 亿年前起，来势凶猛的野火就开始横扫大地。它们与其他的火种不同，因为大气中的含氧量达到了 30%，即使是潮湿的沼泽也会着火。今

米。还有一种形状像蜘蛛的巨型动物，被称作"海蝎"，它的宽度达 0.5 米，两栖动物的长度竟达 5 米多。植物也生长得非常高大。石松类植物，也就是今天我们见到的矮小的石松，当时的高度达到 50 米。以今天的标准来看石炭纪所有的生命形式都是呈巨型状态发展的，那么当时究竟发生了什么呢？我们可以从动物的呼吸方式中寻找答案。昆虫没有肺部，相反，它们全身布满了被称为"气管道"的微小管道，这些管道可以使空气被动地吸进或呼出。这样的构造对昆虫的体形是有所束缚的，因为被动呼吸系统无法迅速将氧

天，关于石炭纪木炭的研究不仅揭示了火的强度，而且说明了被大火吞没的植物的性质。这些研究连同化石证据共同表明，当时的植物已经适应了这种环境，并且有能力抵抗大火。因为树木已经有了厚厚的树皮和高高的树冠，长长的根扎到土壤深层，这些都对植物起到了很好的保护作用。虽然横扫地球的野火破坏性极强，然而，它们也是维护大气层平衡机制的一部分，因为它们会消耗氧气，防止大气中的氧气浓度上升得过高，而且，森林燃烧会将二氧化碳重新注入空气中。

如果史前森林仍在继续繁茂生长，谁能想到后来会发生什么事情，但在约2.5亿年前的二叠纪末期，地球上繁荣的生命几乎以一种戏剧性的方式终结了。

上图　石炭纪时期的沼泽森林对大气中的空气成分起着调节作用，今天的雨林也有这样的作用。

正如在上一章中我们看到，在地球历史上，生命有多次都险些走向终极灭亡，其中最严重的大灭绝发生在二叠纪末期。在不到100万年的时间里，96%的海洋物种和70%的陆地物种从地球上消失了。造成此次物种灭绝的具体原因目前仍有争议，但是，许多科学家怀疑这次致命的一击是由气候改变引起的。正如我们之前所看到的，二叠纪大灭绝和玄武岩大喷发是同时发生的，而后者则形成了西伯利亚地盾的阶梯式山丘。这次大喷发将大量二氧化碳释放到了大气中，导致全球气温急剧变暖，海洋温度可能上升了5℃。

沙漠的形成

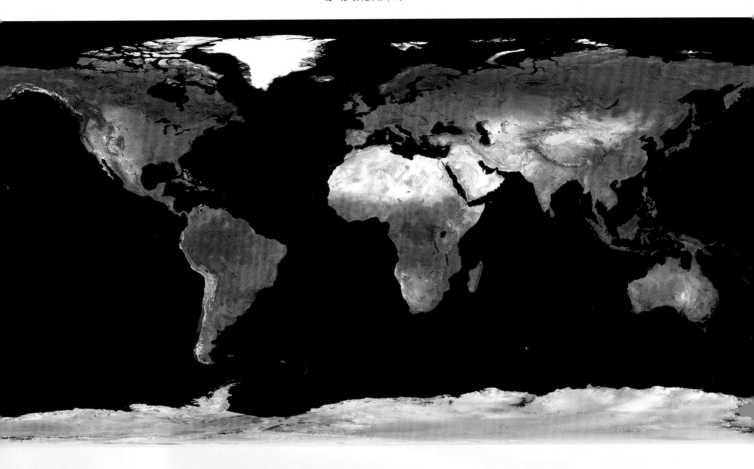

由于赤道比其他任何地区接受的日照都要强，因此我们通常会认为，这里一定是地球上最炎热的地方。但事实并非如此，实际上，最炎热的地方在沙漠中，而且大部分沙漠都距离赤道有数千千米远。对于这种明显的异常现象的合理解释是大气环流。当暖空气在赤道上升时，就会从温暖的热带海洋中携带大量水汽。空气在上升过程中会冷却下来，于是，水汽就凝结成云滴，然后形成高耸的云雨。在海洋中，这些云会旋转在一起，发展成

飓风，但是在大陆上，因没有足够的水来维持它们，于是，它们以热带降雨的形式释放水分——大量的雨。失去水分的上升空气到达对流层顶，在下方上升的空气不断推动下，开始朝极地方向移动，在赤道以北或以南 25° ～ 30° 的地方，干燥的空气开始下沉，然后在地球巨大的天气引擎的推动下继续它的"旋转木马"之旅。它在下降的过程中会被压缩，温度也开始上升，每下降 1000 米，温度就会上升 10℃左右。不断下沉的干燥空气使天空变

上图　在地图上，全世界主要的沙漠都清晰可见，它们位于赤道南北两侧的两个条形地带上。

得晴朗，驱散了云和雨。与湿润的赤道地区不同，这里的陆地既没有云可以挡住阳光，也没有水通过蒸发使地面冷却下来，于是，温度急剧上升。你只需要看一下地球仪或地图册，就会对此一目了然。展现在你面前的（上图）是两块黄褐色的条形地带，它们分别位于热带地区南北两侧附近，全世界几乎所有的热带沙漠都聚集在那里。

第三章｜大气

123

海洋变暖将会引发冰封在海底的甲烷水合物中的甲烷突然泄漏，从而造成全球气温进一步升高，以及物种灭绝。

然而，并不是所有物种都灭绝了。正如生命在冰雪地球时代之后会自我改造并重新占领地球，在二叠纪危机过后，新的物种迅速出现，并重新占领了海洋和陆地。大气进入了一种新的平衡，于是，在接下来的 2.5 亿年内，二氧化碳浓度和全球温度都在稳步下降（也有二氧化碳浓度一直在波动的说法），直到人类开始逆转这种趋势。在二叠纪过后的三叠纪时期，大气中的含氧量一直在 15% 左右浮动，然后在侏罗纪和白垩纪时期逐渐上升，之后达到了最高峰——25%，这时正值恐龙的鼎盛时期，不论从它们庞大的体形还是它们在陆地上的主导地位来看都是如此。但是，在 6 500 万年前的那次大灭绝之后，大气中的含氧量开始回落，最终回落至今天的 21% 左右。

地球历史上的大部分时期，大气中的化学成分一直保持着相对均衡的状态，这给地球带来了稳定的气候，从而使地球成为一个宜居星球。然而，从长远角度来看，大气一直在不断变化，它的各种组成部分时而上升、时而下降，有时缓慢变化，有时却是在加速剧变。我们得以在各种气体的平衡中生长和进化，但这只不过是数十亿年来不断波动的曲线图上的一个点，而对于图上的高峰和低谷，我们至今尚未完全理解或解释。大气的性质是难以长期预测的，从短期来看就更难预测了。因为，在地球的运行中，天气变化是最反复无常的，它夹杂着混乱，充斥着可怕的暴力，而且往往会随机发动袭击。

气流

人类趋于将自己周围的空气设想为真空区域，而且与流动的水相比，空气是无形的。但事实上，空气也是一种流体，就像海洋一样，一直在循环流动，从未静止过。大气循环对生命至关重要，因为它使太阳散发出的热量平衡分配，把日照最强的热带地区的热量传送到两极，因为那里阳光照射的角度比较小，因此日照较弱。假如大气没有以这种方式重新分配太阳热量，那么，赤道温度将会比现在高 14℃，两极气温则会比现在低 20℃，这样一来，地球上大部分地区的复杂生命几乎不可能生存。

风就是大气永不停息的运动，换句话说，风主要是由赤道和极地之间的温差驱动的。然而，风携带热量的方式，并不仅仅是沿直线方向从赤道直接吹到极地那么简单。要想了解大气流动的整个过程，就来看一下北半球都发生了些什么。

在赤道区域，空气在阳光照射下变暖之后就会上升，随着高度的增加又会冷却下来，直到它到达与平流层的交会处。这时候空气就不会再上升了，因为它碰到了一个"反转点"——气温停止下降并开始上升的一个临界点。于是，大量上升的空气转而开始水平移动，向北方飘移，走过极地大约 1/3 的路程后，重新下沉。它在地球变窄的过程中受到挤压，因而密度和质量都变得越来越大。然后，它沿着地球表面往回流动，其中一部分向南移动，最终到达赤道，完成了循环过程，其余的向北流动。这个循环系统被称作"环流圈"，在去往极地的过程中共有三个环流圈。要从

右页图　佛得角群岛上空形成的螺旋云表明，大气层具有流动性（左边是北方）。

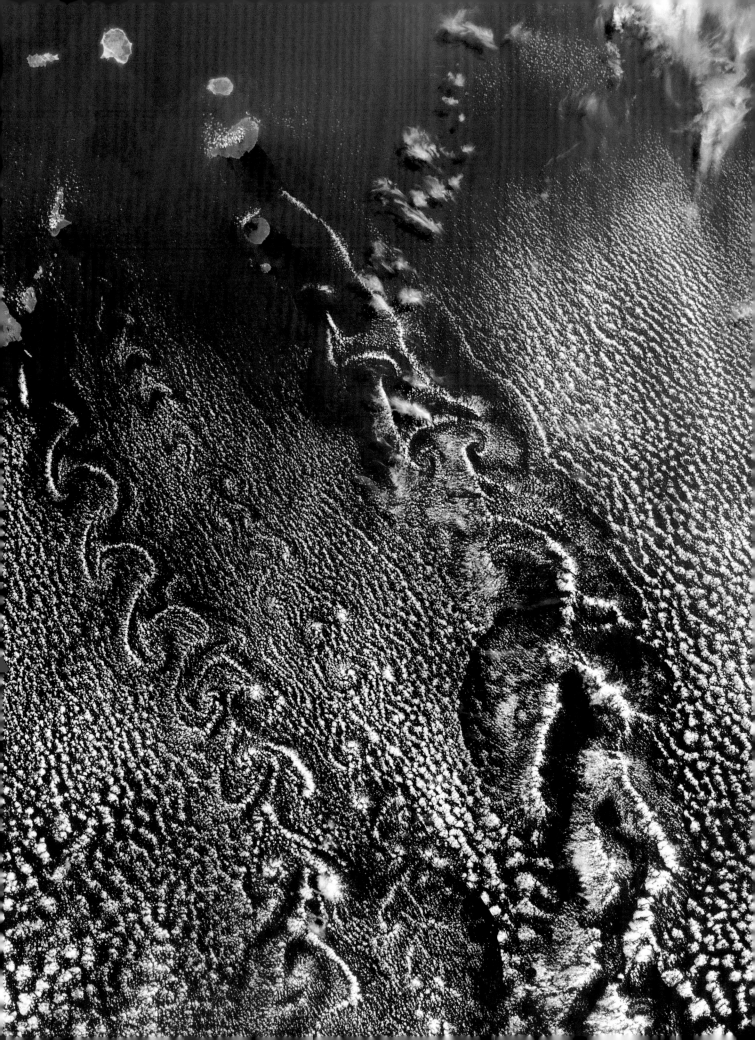

赤道到达极地，气流就必须弯弯曲曲地绕过这些区域移动，时而上升，时而下沉。

在环流圈的底部，也就是风吹过地球表面的位置，形成了可预测的信风和西风带。几个世纪以来，它们一直推动着探险家的船帆。假如地球停止自转，这些风将会沿正南和正北方向吹去。实际上，地球自转使风向发生偏斜，然后向西或向东弯曲。

热流通过大气不可阻挡地流动，形成了风、雨、雷、电，以及其他任何一种可以想象且可能影响人类生活的天气现象。地球上的一些天气现象在其他星球上已经被观察到，例如，木星上会出现闪电，火星上会有沙尘暴。但在某些重要的方面，地球是独一无二的。它有一个神奇的特征，即地球和太阳之间的距离恰到好处。在这种情况下，水刚好能以三种物理状态同时存在：气态、液态和固态。在所有的行星当中，只有地球的平均温度和压强非常接近科学家所说的水的"三相点"。水不停地从一种形态向另一种形态转变，随着热量从水里流进和流出，产生了大部分天气现象：雪、雨、云和力量极强的风暴。

大气中的水会以某种真正壮观且令人敬畏的方式展现在我们眼前。每年春天，卡奔塔利亚湾（澳大利亚北部巨大的 U 形海湾）会有一团形状异乎寻常的云从海上席卷过来。它们会出现在黎明时分，这团云看上去非常高，而且十分笔直，似乎正在朝你滚滚而来。云的底部约有 300 米高，顶端约有 2 500 米高，整团云的长度可达 1 000

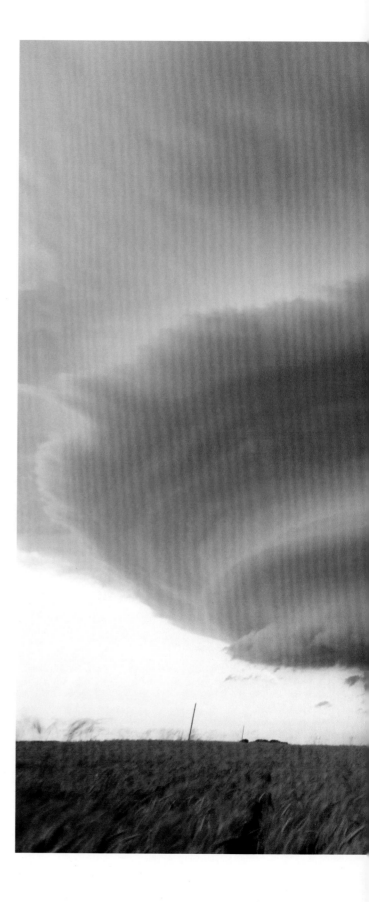

右图　全球大气循环产生了形状各异的风暴云。

第 128~129 页图　每年春季，牵牛花云都会飘进澳大利亚卡奔塔利亚湾。

上图 1999年9月，"弗洛伊德"飓风逼近佛罗里达州。从这张卫星图像上可以清楚地看到螺旋云及其中央的风眼。

右页图 云的位置标明了热带辐合带的界限——赤道周围温暖上升的空气带，飓风就是在这里形成的。

干米。这样的云被称作"牵牛花云"，它能以极快的速度冲向大陆，时速可达60千米。1934年，悉尼杂志《公报》的一位记者这样描述牵牛花云："一大清早，地平线上就出现了一排矮矮的云。然后，它开始以惊人的速度汇聚在一起。我确信将会有一场倾盆大雨。紧接着，乌云滚滚，不久整个天空就被笼罩住了，几滴雨点落了下来。接着，一阵极舒服的微风吹过，持续了几分钟后，乌云以其来时的速度消失了，太阳又继续无情地照耀着万物。"

从地面上看，这种气候现象固然令人印象深刻，但是只有从高空或太空中看，这幅奇特而壮观的景象才能一览无余。从高空望去，它就像一道道翻卷而来的巨大海浪即将拍打在海岸上。自20世纪80年代末期开始，这里就成了名副其实的"空中冲浪者"的运动场地，这些"冲浪者"在云层中乘坐滑翔机飞行，在强大的上升气流推动下能够飞行长达三个小时。

飓风

卫星图像时代为我们提供了大量实际观察大气活动的机会。从某些最显著的图像上可以看到，佛得角群岛、加那利群岛和夏威夷群岛都会有云在山尖周围形成旋涡。但是，最具吸引力的还是飓风图像。这些图像揭示了飓风发源于西非海岸区域，当它穿过大西

地球 行星的力量

洋时，就会发展成巨大的旋涡，然后以猛烈的势头前进，直到最终抵达美国海岸。飓风形成和扩大的方式很好地阐释了陆地、海洋和大气是如何在地球自转的支撑下相互联系，并组成这个复杂系统的。

赤道位于大气环流的两个全球性的环流圈之间，风力较强的信风从这两个环流圈底部穿过，然后在中间汇聚，形成一个弱风区，这就是海员们所说的"无风带"，科学家将其称作"热带辐合带"。当汇聚在一起的信风到达东大西洋时，风里充满了水汽，因为它们之前经过了热带水域，在它们相遇的地方，且当它们被汇聚到一起被迫上升时，水汽就会凝结成云。水在凝结的时候会释放出"潜热"，这是之前把水变成水蒸气的热量。这种额外的热量会使暖空气快速上升，并对系统进行补给，从而形成高耸的雷雨云。更多温暖而潮湿的空气被吸收到云层底部，于是，循环变得

更强。在陆地上空，热带雷雨风暴很快就会消散，但在海洋上空，它们会变得越来越大，并且能够合并在一起，形成一个自我维持的整体，这就是所谓的热带扰动。每年 6 ~ 11 月之间，大西洋会形成约 90 个热带扰动，即每过几天就会形成一个。其形成的关键就在于暴风雨上方的风。如果风势比较猛，暴风雨就会消散；反之，如果风力比较均匀，潮湿的空气就会继续上升而不会受到约束，于是，飓风就会形成。

但是，在热带扰动达到飓风之前，还需要其他一些动力因子，比如地球自转。由于地球的自转，地表的风会在北半球向右偏转，在南半球则向左偏转。不论在北半球还是在南半球，离赤道越远，这种"科里奥利效应"就会变得越强。在夏季，热带辐合带会向北移动，当它到达北纬 5° 时，科里奥利效应的强度就足以使雷暴群开始旋转。云层被搅动成有组织的带

飓 风

飓风被定义为一种源自热带的强烈风暴，其持续风速高达每小时120千米——今天我们比以往任何时候都更了解飓风内部发生了什么。从卫星捕捉到的飓风漂亮的涡旋图案上看，它们似乎很温和，就像毛茸茸的白色屏幕保护程序从地球上优雅地滑过。然而，漂亮的形状只是一种假象，实际上，飓风通常都有着巨大的体积和能量，它的平均直径可达550千米——相当于苏格兰的长度。飓风所释放的能量相当于每20分钟就有一颗1 000万吨的核弹爆炸所产生的能量。

向暴风中心移动的螺旋云被称作"螺旋雨带"。它们在风眼周围盘绕，类似银河系的旋臂。它们的风力总是朝着同一个方向：在北半球沿着逆时针方向，在南半球则沿着顺时针方向。温暖湿润的热带空气不断吹进来，在这里回旋，然后开始上升，水汽凝结成一圈剧烈的雷暴云，在中部的风眼周围紧密地集中起来，高度可达15千米。这就是"眼壁"，飓风中最具破坏力的部分。这里的风势非常猛烈，风速可达每小时300千米。在组成眼壁的雷暴云顶端，空气中的大部分水汽消散了，因而开始从大旋涡上方向外部移动，然后逐渐冷却下来。在几百千米以外，干燥的冷空气缓缓下沉，形成了晴朗的天空，但这是一种先兆，它预示着风暴即将来临。

在飓风中央，形成眼壁的雷暴云来势凶猛，释放出大量的热量，使空气温度上升，从而在风暴上方的干冷空气区形成高气压，气压迫使干燥的空气进入风眼，形成了奇怪的只有微风和蓝天的平静天气。假如可以进入飓风内部，你就会看到旋转的雨云，云层顶端有冰粒，下面是倾盆大雨，而你的周围全是噼噼啪啪的闪电。勘测飞机在穿越云层时，经历了动荡的极端天气，但是，当你再次回到风眼时，就可以喝杯咖啡休息一下，并用无线电发回天气报告。飞行员甚至碰见过飓风形成时被困在风眼区的鸟群，由于不能继续沿着它们的迁徙路线飞行，这些鸟就相当于被关在一个巨大的天然鸟笼中，然后在海洋上空被强行拖拽，直到气旋最终消散，它们才被放出来。

132

左图 气候的变化使得飓风变得越来越强烈，飓风带来的损失也会越来越大。

右页图 飓风的眼壁中有最强劲的风。

沙海的形成

| 上图　沙海中最大的沙丘有数千年的历史，至于规模，请注意前景那辆车那渺小的轮廓。

要爬上一座大沙丘的顶端会令人精疲力竭：沙子从你脚下滑出，它反射的热量会灼伤你的皮肤，而且陡峭的斜坡能耗费你所有的力气。但是，如果从沙丘的顶端向外看，你就会觉得这样的攀爬非常值得，因为茫茫沙海的景观的确让人叹为观止。

沙丘有多种形式，不同的形式反映了构造沙丘的沙子的种类，以及塑造沙丘的风的类型。持续的风力和充足的沙子会形成奇异的长沙丘，它们与风向成直角。毛里塔尼亚就有一个长约 100 千米的沙丘，要使沙子移动，风速就要达到每小时 15 千米左右，当风速降到这个水平以下时，风中所携带的飘浮在空气中的颗粒就会落下。

在一块巨砾、一丛灌木或一座山的背风面可以形成最简单的沙丘，因为在障碍物后面，空气被迫放慢速度。风在平坦或岩石地面上移动速度较快，但是，当它经过沙子时，就会因摩擦而减缓速度，这样一来，沙子就会吸引更多的沙子聚在一起，形成沙丘。沙丘上升的侧面会把风挡住，以吸引更多沙子，这些沙子最终都聚集在背风面，那里的空气是相对静止的。

然而，风并不仅仅会给沙丘带来沙子，还会把它们吹走。细小的颗粒被风扬起来，飞到空中，但是，比较重的颗粒则会跳跃着向前移动，不断地上升和下沉。这个过程被称作"跃移"，在沙丘的向风面，跳跃的沙粒在空气的推动下不断向上爬。如果风力足够强，沙子堆成的沙丘就会更陡，直到它们在自身重量的压迫下倒塌。当沙丘的陡度变得刚刚合适时，落下来的沙子就会停止移动——这个陡度被称作"休止角"，它可以使沙丘保持稳定。就沙漠沙而言，这个角度恰好在 30°～34° 之间。

如果一个沙丘的高度超过了它周围的沙丘，沙脊就会被暴露在更大的风力中，于是，沙子就会被吹走，重新落到沙丘后面的地面上。风很快就会把这些松散物质清理掉，使它们进入形成新沙丘的过程。这样，沙海就开始漫延了。

状云，形成螺旋结构，缠绕在最低气压区的中心点，同时，风以越来越快的速度吹向中间。暴风看上去感觉就像是飓风了。

完全成形的飓风是一台巨大的、自我维持的发动机，它的体积比雷暴云大 100 倍，能量比龙卷风强 1 000 倍。在夏季，一场普通雷暴相当于 3 枚核弹的能量，而飓风的能量则是核弹能量的 25 000 倍。而且，如果飓风在温暖的海水上方停留，它的能量将持续几天。然而，科里奥利效应不仅有助于飓风的形成，也导致了它们不可避免的消亡。由于地球的自转，飓风通常会穿过大西洋向西移动，进而转向陆地。在那里，飓风的能量被耗尽，也没有为它们提供燃料的温暖海水，于是，风力开始减弱，飓风降级为热带风暴。它可能也会以中纬度低气压的形式持续数周，直到所有的印迹全部消失。

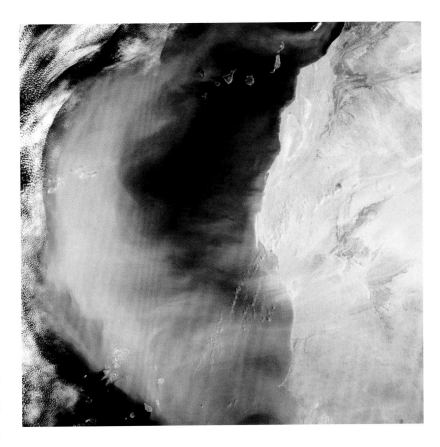

上图　撒哈拉沙尘形成的巨大云团的卫星图像。这些沙尘正向西移动，穿过大西洋的佛得角群岛。

烟消云散

大气有着非凡的物质力量，它能够持续地对地球表面进行塑造和改造，再也没有什么地方能比地球沙漠中一望无际的沙海更能体现这一点了。撒哈拉东部的大沙海——主体位于阿尔及利亚的东部大沙漠很可能形成于 1 万年前，组成沙海的沙丘高度从几米到 300 米以上各不相同。由岩石和砾石形成沙子的过程在沙漠边缘的西北部可以看到。风从摩洛哥阿特拉斯山脉呼啸而来，涤荡着沙漠地面，把这里的碎片带到阿尔及利亚沙漠腹地。每年会有另外 600 万吨的沙子被风携带到广阔的盆地，东部大沙漠就是这样形成的。

沙漠地区的风具有很强的破坏性和侵蚀性。然而，在使地球成为宜居星球的过程中，即便是这样的风也发挥着重要作用。在撒哈拉南部边缘，有一个满是沙尘的大盆地，人们称它为"博德莱洼地"。直到几千年前，这里还是一个巨大湖泊的所在地，但是在冰期以后，撒哈拉干涸了。这个湖泊开始逐渐缩小，直到只剩下一个小湖——乍得湖。在太阳的炙烤下，湖底丰富的沉积物被烤焦，变成了细小的沙尘，因而很容易被吹到空中。现在，博德莱洼地有了一个特殊的称号，即"全球空中沙尘的最大发源地"。每隔 4 天左右，沙漠风就会将大量沙尘带到高层大气中，从而导致每年会有惊人的 2.4 亿吨沙尘从那里被携带到大西洋上空。其中大部分沙尘会落入海洋，为浮游生物提供养料，但是，还有大约 5 000 万吨的沙尘最终落在亚马孙雨林中，为生长在该地区贫瘠土壤中的植物提供丰富的营养物质。据估计，亚马孙盆地中的养料供应中有一半来源于博德莱洼地。这种关系是地球作为一个完整的生物系统运转的完美例子。

虽然说风是沙漠侵蚀的主要动力因子，但在世界其他地区，雨的破坏作用则更强。正如在第二章中我们已经了解到的，正是雨和大气中二氧化碳的结合才引起了风化过程，于是，随着时间的推移，即使是最坚硬的岩石也会变成沙子和黏土。由大气引发的风化过程使碳循环得以持续，使全球恒温器得以正常运行，从而使地球上的气候更适宜生命栖居。不论对地球气候造成怎样的伤害，我们或许都会感到安心，因为大气终将进行自我调整与修复，使地球恢复到平衡状态——这个过程很可能要花数百万年，而且我们也不会在它身边道声谢谢的。

右图 亚利桑那州的"波浪"：侏罗纪时期沉积下来的砂岩被风雕刻而成，具有显著的侵蚀特征。

第四章

海洋

古希腊人的世界以地中海地区为中心，虽然他们冒险到过更远的地方——小亚细亚、西欧和尼罗河沿岸，但他们对世界的认识仅限于海岸线。航行到直布罗陀海峡的希腊水手们知道有一股强劲的水流从这里流过，他们断定这是一条大河的流出口，他们能看到它向西方（大西洋）逐渐消失。他们称这条大河为俄刻阿诺斯河，他们认为这条河环绕着世界。碰巧，古希腊数学家毕达哥拉斯可能是第一个认识到世界是个球体的人，但这个想法对他的大多数同胞来说太奇怪了，他们相当肯定自己生活在一个矮圆柱体的平顶上。不管怎样，他们都不知道在地中海门口，凶险的水流之外究竟有多少东西。

按照惯例，我们把海洋分为五个不同的大洋——太平洋、大西洋、印度洋、北冰洋和南大洋，[①]但实际上，它们相互连接形成一个水体，更确切地说是"世界海洋"。我们稍后会发现，地球上的水流是作为单一的系统运行的，所以古希腊人的观点在原则上是正确的：俄刻阿诺斯河确实环绕着我们的世界。

这片世界海洋的重要数据令人惊叹。它拥有 137.4 万亿吨水，面积为 3.62 亿平方千米，平均深度超过 3.5 千米，最深的地方接近 11 千米。从太平洋上空俯视，这颗行星似乎是一个水的世界。你可以把它所有的陆地都塞进太平洋，然后还有多余的空间再容纳另一个澳大利亚。但这种观点具有欺骗性，因为海洋只占地球质量的 0.02%。从地质学的角度来看，它在地球表面分布得非常薄。然而，这微小的有水部分对地球的进化和我们自己的生存至关重要。

大约 45 亿年前，地球开始合并成一颗类似于行星的物体，尽管在形成月球的巨大撞击之后，地球实际上不得不重新"组装"自己。这颗新生的行星非常热，因为它有熔

---

① 关于世界海洋被划分为四大洋还是五大洋一直在争论中。2021 年 6 月 8 日，美国国家地理学会宣布将南极大陆的海岸线至南纬 60°之间的海域（不包括德雷克海峡和斯科舍海）定义为南大洋，并从地理学上承认其为地球第五大洋，这也是本书作者将世界海洋分为五大洋的依据之一。——编者注

| 左页图　夏威夷海岸上破碎的波浪，在释放能量之前可能已经跨越了 1/3 个地球。

岩组成的海洋，但看不到水。然而，地球很快就冷却了下来，随着炽热的岩浆开始凝固，地壳和地幔形成了，炽热的岩层向外排气，形成了大气。起初，空气是二氧化碳、蒸汽和其他令人窒息的火山烟雾的灼热混合物，但最终——地球在 1 000 万到 1 亿年之间时——物质冷却到足以使蒸汽凝结并变成雨。于是，一场规模空前的暴雨开始了。这场雨的过程不是 40 个昼夜、几个月或几年，也不是几个世纪甚至 1 000 年，而是天打开了，水从天上倾泻而下，且持续了 100 万年，早期的海洋就这样开始形成。

但这只是地球上一部分液态水出现的原因，因为计算表明，地球内部的水不足以填满我们今天的海洋，肯定还需要其他来源。

上图　根据图片显示，世界上所有的水都聚集在一个球体上，虽然水量小得惊人，但人类却依赖它而生存。

右页图　看一看太平洋就知道海洋是如何支配地球表面的。

在地球历史的早期，小行星和彗星对地球的撞击是无情的。在过去的几十年里，研究已经很清楚地证明，彗星带来了水。2005 年，美国国家航空航天局的一项非同寻常的太空任务以与彗星的壮观碰撞而结束。"深度撞击"探测器的任务是与距离地球 1.3 亿千米的"坦普尔 1 号"彗星会合。探测器拍摄了照片并进行了测量，但它的最终目标是在高速撞击中撞向这颗彗星表面，世界各地的望远镜都对这次撞击进行

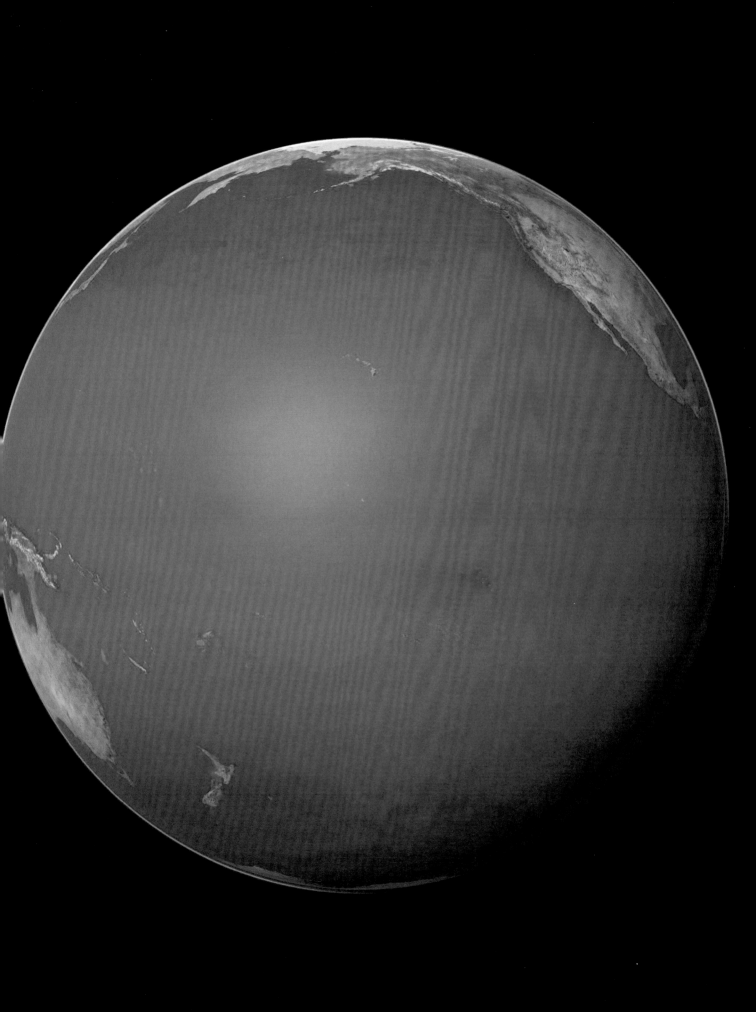

了监测（甚至还有另一个彗星探测器"罗塞塔"号，仍在前往预定于 2012 年会合的路上[1]）。结果是戏剧性的：在撞击后的 5 天里，彗星喷出了大量的冰和尘埃。由于这项任务，科学家现在能够计算出像"坦普尔 1 号"这样的冰彗星究竟含有多少冰。即使是一颗直径只有 10 千米的小彗星也含有大量的水，即可能

① 该探测器 2014 年 8 月 6 日成功与 67P 彗星交会，成为首个进入彗星轨道的探测器。2014 年 11 月 12 日，该探测器释放"莱菲"号着陆器。——编者注

上图　2005 年，"深度撞击"探测器接近"坦普尔 1 号"彗星时拍摄的照片。

有 1 000 亿吨。据计算，100 万颗普通大小的彗星与早期地球相撞，就能填满海洋。然而，彗星似乎不大可能自己完成这项任务，因为海水和彗星水的化学成分有细微差异，但它们可能提供了地球海洋中多达一半的水，其余的来自地球内部。有意思的是，巨大的彗星撞击一定会先阻碍海洋形成的进程，因为巨大的爆炸会使地球表面的大片区域蒸发，形成沸腾的蒸汽大气，这种蒸汽大气在冷却到足以再次下雨之前会持续数百年。因此，早期的海洋形成无非是在数百万年内前进两步和后退一步的事。

　　但是，海洋形成了，生命很快就出现了。前面我

们已经了解到，生命有可能始于海底的热液喷口附近。那里奇怪的生态系统直到今天仍在蓬勃发展，它们的能量来自热火山水中的化学物质。直到 1977 年，我们才发现了这些让人着迷的生物群落，这改变了我们有关生命起源的理论，也表明我们对海洋还知之甚少。深海在很大程度上仍然是一片未被探索的区域，因为，如果没有最先进的技术，人类无法冒险进入深海。实际上，到 2000 年前后，全球仅有两个人探访过海底的最深处——太平洋的马里亚纳海沟，而登上月球的则有 12 人。

深海区

直到 20 世纪 50 年代，人们发明了能够承受巨大压力的潜水舱，深海探索才真正开始。早期的先驱之一是瑞士科学家和发明家奥古斯特·皮卡德，他是埃尔热的《丁丁历险记》中古怪的"向日葵教授"的灵感来源。皮卡德在 20 世纪 30 年代因非凡的壮举而闻名，当时为了研究大气的化学成分并测量宇宙射线，他为高空气球设计了一个增压座舱，并将其带到 23 000 米的破纪录高度。之后他意识到加固后的船舱也能够承受深海的巨大压力，于是他着手进行改造，创造出"深海潜水器"，这是一种只能容纳两个人的小型潜水艇。1960 年，皮卡德的儿子雅克在美国海军中尉唐·沃尔什的陪同下，大胆潜入西太平洋马里亚纳海沟最深的挑战者深渊，深海潜水器的辉煌时刻真正到来了。这个巨大的海底裂缝是两个板块之间的交会处，当时人们还不知道这一点，因为板块构造理论尚未形成，所以马里亚纳海沟简直是一个黑色的、无法破解的谜。沃尔什和小皮卡德大约花了 5 个小时才潜入海底，半路还经历了一次可怕的碰撞：突然的

一声巨响穿过潜艇，紧接着，一扇舷窗玻璃破裂了。令人欣慰的是，检查好装备后，他们发现潜艇依然足够坚固，可以继续下潜。他们乘坐潜艇一直到达海底：海底的深度让人意想不到，居然有 10.9 千米深，这比他们站在珠穆朗玛峰峰顶还高出整整 2 000 米。他们在海底待了 20 分钟，一边吃巧克力维持能量，一边透过舷窗凝视着下方泥泞的海底，在那里他们发现了一些鱼类，这证明深海并非没有生命。这次深海探险证明了他们的勇气，也证明了挑战探索深海的艰巨

下图 瑞士科学家奥古斯特·皮卡德（右）正站在他所设计的增压座舱前面。这项发明创下了大气高度和海洋深度方面的纪录。

性。虽然成千上万人登上了珠穆朗玛峰，站在世界屋脊上，却没有人下探到海洋的最深处。

今天，众多地球轨道卫星为我们提供了海底全景图，其中最引人注目的就是海底山脉——洋中脊。在第二章中我们了解到，洋中脊像伤疤一样横跨五大洋，共同构成了绵延 6 万千米的海底山脉。它几乎完全隐藏在人们的视野之外，只有一小部分露出海面的成为岛屿，例如亚速尔群岛、百慕大群岛、阿森松岛、特里斯坦－达库尼亚群岛和冰岛，从而可以让我们一睹它那迷人的山顶风光。这些山脉位于板块交会处，那里的熔岩不断向外渗出，形成新的海底。在这个过程中，熔岩迫使板块逐渐分离（参见第 74 页图解）。在埃塞俄比亚的阿法尔洼地，我们可以真真切切地目睹这一过程，因为这个山谷正在形成一个新的海底。2005 年 9 月的一次地震猛烈地袭击了阿法尔洼地，撕裂出一条数百米长的裂缝，谷底也下陷了将近 100 米，当地牧民的山羊和骆驼都掉了进去。目前这里已远远低于海平面，而且，在未来 100 万年左右的某个时刻，红海将冲破障碍涌入这里。但是在此之前，也许 65 万年后，这里还会发生一些其他的事情：非洲板块将会以每年 2.15 厘米的速度缓慢北移，直至到达直布罗陀海峡，将地中海的入口关闭。希腊人曾经认为来自俄刻阿诺斯河源源不断的水流将会中断，等到这一切发生的时候，地中海将会在几千年后蒸发完，就像曾经那样（参见"消失的海洋"，第 146 页）。

波浪的能量

数百万年来塑造海洋的构造力有时会在更短的时间尺度上表现出来。2004 年 12 月 26 日，印度尼西亚海岸发生了里氏 9.1 级地震，地震几乎持续了 10

分钟，成为历史上持续时间最长、强度第二高的地震。[1] 在海底深处，两块构造板块中的一块试图挤到另一块下面时被卡住了，造成了巨大的压力聚积。当不可避免的破裂发生时，被卡住的表面猛烈地分开，沿着 1 600 千米长的断层线相互摩擦，在几分钟内滑动了 18 米。大部分运动发生在覆盖的板块上，因为张力的释放使其被卡住的边缘重新弹起，导致海床在一片广阔的区域突然上升了几米。这个过程释放出来的能量巨大，大到用数字计量它都毫无意义。它足以使地球沿地轴摆动 2.5 厘米并加速其旋转，使一天的时间缩短了 2.68 微秒。这次地震中的大部分能量被转移到 30 立方千米的海水中，形成一连串海啸。这些波浪不仅猛烈袭击了印度尼西亚、泰国和斯里兰卡，还传到太平洋，然后穿过印度洋，直捣非洲，横扫好望角，最后进入大西洋。这些地区都是受海啸冲击最严重的地区，在海啸发生的主要区域大约 23 万人丧生（参见注释①），但这次海啸的影响是全球性的。

碰巧的是，海啸发生时，有两颗雷达卫星飞行到印度洋上空，卫星收集到的数据可以绘制波浪大小和扩散的精确图像。海啸在深水区和浅水区有着不同的展现方式。在海水最深的地方，波浪几乎无法被察觉，因为它是一个温和的隆起，在海面上以每小时高达 1 000 千米的速度飞驰而过，就像船下可能被忽略的涟漪。但是这些涟漪却代表着整个水体的位移，一

① 关于印度洋海啸的死亡人数和震级，数据不一。《中国大百科全书》第三版网络版"世界著名大地震"词条中记载，印尼苏门答腊岛西北部附近海域发生 9.1 级地震，29 万人死亡或失踪。——编者注

右页图　横扫孟加拉湾的这些海浪能够跨越海洋传送能量。从太空上看，它们相互碰撞所产生的图样清晰可见。

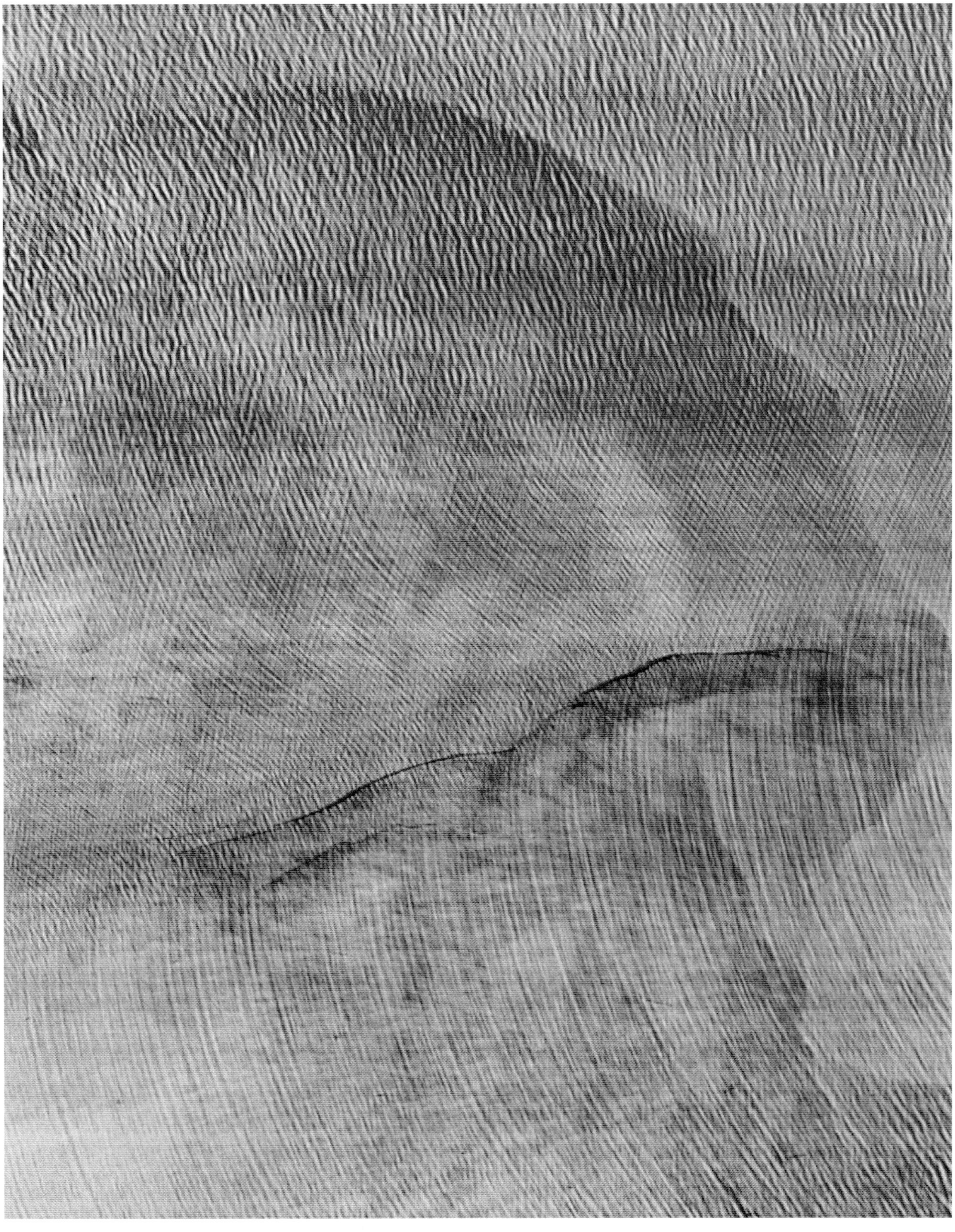

消失的海洋

海洋在人们的印象中似乎是广袤无垠、永久不变的，但是，从行星的时间尺度来看，它们更像是转瞬即逝的小水坑。距今不到600万年前，连接大西洋和地中海的海洋通道——直布罗陀海峡闭合了，地中海从此与大西洋分隔两地，这些变动引发了所谓的"地中海盐度危机"，简单来说就是地中海开始蒸发了。像里海这样的内海是注定不会干涸的，但是，地中海的封闭却赶上了气候的突变，使北非的干旱地带向北移动了一点儿。从地中海蒸发出去的水，远比流进这里的水要多，于是，地中海海平面在50万年内下降了2 000～3 000米。当海水从海岸退去后，像尼罗河这样的河流开始扩大范围，并在地中海两侧侵蚀出巨大的峡谷，其中一个峡谷现在就深埋在开罗地下，比美国科罗拉多大峡谷更长、更深。河水继续携带矿物盐流入渐渐收缩的地中海，但是，由于这些盐无法流向别处，因此这里的海水便越来越咸。因为和其他海洋之间的环流被切断了，所以全世界海水的含盐度下降了2ppm。看似很少的量却足以使海水的冰点升高，还很可能是冰原吞没南极的一个关键因素——这就意味着海平面下降，延长了地中海被孤立的时间。

1961年，一项地震调查显示，海床下的某些东西以一种不寻常的方式反射地震波，从而让我们首次发现了这场危机的证据。随后的钻探让我们发现了干涸的海底堆积着厚厚的盐层。这个盐层是该地区开采的岩盐的来源，它延伸到地中海，深度达2 000米。例如在西西里岛，大量的盐因为地质运动被推到地面上并堆积起来。据说，西西里岛西部的盐矿中储存着充足的盐，可供人类使用100万年之久。

目前仍不清楚是什么原因导致了这次危机结束，但被广泛接受的观点是，河流侵蚀了直布罗陀海峡的陆地屏障，同时气候变化使海平面上升，于是海水又涌了进来。

下图 伊恩·斯图尔特正站在皱巴巴的岩层中间，这些岩层是在"地中海盐度危机"时期沉积形成的。西西里岛的一些盐矿中含有充足的盐，可供人类使用100万年。

右页图 500万年前，地中海的底部看起来就像安第斯高原的阿根廷盐田。

直延伸到海床。这就意味着它携带了惊人的能量。在靠近海岸的地方，随着海水变浅，所有的能量都被挤压了，当海浪因与上升的海底摩擦而减缓时，海浪背后积累了巨大力量，将海水抬高了30米，并把海水推向内陆，最终引发灾难。除了可怕的巨浪最终闯入内陆，几乎看不出海水向前移动的迹象，因为当波浪横穿海洋的时候，它本身就是一种纯粹的能量，而不是流动的水。实际上，所有的海浪都是如此，包括南极周围海域上那些由暴风引起的巨大浪潮。这些海浪穿越太平洋北上，一周以后，它们就会拍打在夏威夷岛或波利尼西亚群岛的海滩上。海洋所做的一件极其有效的事情，就是把能量从一处传递到另一处，从而使其在全球范围内移动。海洋通过多种不同的方式来实现这个过程，而所有这些方式对我们的地球能量平衡起着至关重要的作用。

　　每个月都会出现一次新月和一次满月——地球、太阳和月球位于同一条直线上。当出现这种情况时，太阳引力和月球引力的合力会对海洋进行牵引，使潮水涨到最高位置，从而形成大潮。每隔两周，太阳和月球就会处于相互垂直的位置，这样一来，月球引力就会在一定程度上被太阳引力抵消，结果就会造成小潮。假如地球上均匀地覆盖着深海，那么，月球引力将把海水拉向它，距离为一致的54厘米。当然，潮汐实际上会受到许多障碍物的影响，大到陆地和岛屿，小到暗礁和河口，这些障碍物有时会产生深远的影响。

　　为了赢得全球潮汐最高落差的美誉，位于加拿大东海岸的两个相邻的海湾展开了角逐。芬迪湾的本特库特海德水域长期以来一直保持第一，它的高潮和低

右图　发生在2004年节礼日的海啸使23万人丧生，数百万人失去了生计。

潮之间的潮差为 17 米，成为有史以来的最高纪录。然而，在近些年，现代检测仪器检测出了位于加拿大东部的昂加瓦湾里弗水域的潮差是 16.8 米。由于两次测量之间的差异属于实验误差的范围，因此，两个地区目前还必须共享此项殊荣，直到下一次最高潮来临时才能够对它们做进一步测量。到那时，太阳、地球和月球将会位于同一条直线上，由此引发的强天文潮汐将会对海洋产生最大牵引力。而在加拿大东海岸的另一端是像地中海这样的封闭海域的海岸，那里几乎没有潮汐，因为水不能足够快地通过直布罗陀海峡而对海洋产生影响。与此同时，在中国东海岸的杭州湾，由于海湾是锥形的，上涨的潮水会被锥形的海湾推向钱塘江。河口处的一块大型填海工程形成了一个面积较大的半岛，严重缩窄了进入海湾的水流，于是，河床急剧升高。这种独特的地理构造创造出一种令人叹为观止的自然奇观：世界上最高的涌潮。汹涌的浪潮涌向海湾，潮头可达 9 米高。然后，伴随着一阵阵咆哮声，潮水以排山倒海之势朝岸边涌来，溅到观潮者的身上。每年 9 月，当涌潮涨到最高位时，江北岸的盐官镇就会举行庆典，届时将有数千人蜂拥而至，到岸边观看这一壮观的场面。但是，潮水的危险是不可预测的，也有人因离河岸太近被潮水卷走而失去性命。

我们在海滩上看到的绝大多数海浪都是从很远的地方由风力拖曳海洋表面造成的。这些能量可以传递数千千米，然后随着海浪撞击陆地破裂后释放出来。据说，一个普通的巨浪撞向海岸时所产生的力量，相当于两头大象同时跳到你的胸膛上面。所以，这样大能量的海浪日复一日地冲击着海岸，必定会对陆地造成巨大破坏，并不断重塑海岸线。例如英国的诺福克郡，海岸退缩的速度要比欧洲的其他地方都要快。长期以来，这些地方都在与海浪做斗争。在诺福克郡北

部的哈比斯堡，很明显，海洋赢得了这场战争。诺福克郡海岸是由冰期的冰川沉积的沙子和黏土构成的，这些柔软的冰川沉积物很容易被侵蚀，因此，海水每年冲刷掉的陆地的厚度可达 2 米，在最暴露的地方甚至每年可达 10 米。大约在 500 年前，海岸比现在要远 1 000 米，支撑着现在早就淹没在海水中的村庄。即便在今天，每年平均也有一栋民居被海洋吞没。旧的海防最多只能减慢其破坏速度，甚至还可能会扰乱

上图　海洋对海岸的侵蚀作用。太平洋正在逐渐侵占加利福尼亚州的这些民居。

第 152~153 页图　中国的钱塘江两岸挤满了人，大家都来观看一年一度世界上最壮观的大潮。

海水冲刷海岸沉积物的方式，从而使情况变得更糟。最终，诺福克郡的海岸线将会在很大程度上被重新塑造，而且，随着全球变暖即将引发的海平面升高，这

个过程还会加速。

世界各地的海岸都见证了海浪的力量。傲然矗立在美国俄勒冈州坎农海滩边的草垛岩是世界上第三大海蚀柱。它的旁边散落着一些比较小的岩石碎片。草垛岩和它旁边的碎石曾经都是海岸岬角的一部分，然而，几千年来的侵蚀作用已将大部分陆地破坏，造成现在这些岩石孤零零地站在距离海岸 100 多米远的地方。但是，和诺福克郡的哈比斯堡不

同，这里的海岸并不是由沙子和黏土构成的，而是由玄武岩（一种坚固的火山岩）构成的，但是现在海洋已经将它吞食。澳大利亚东南部的维多利亚州海岸是海洋破坏力最强有力的证明，"十二使徒"是12根高耸的尖岩，它们曾经是沿海岸分布的石灰岩崖壁的一部分。把它们从岩壁上削凿出去之后，海洋就开始逐个侵蚀它们了。2005年10月，一根50米高的岩柱终于倒塌，落入海里，原因是它的基底已被完全侵蚀了。这是自12根岩石被命名以来，第4根坍塌的岩柱了。也许，它们依然可以被称作"十二使徒"，但是在海洋的摧残下，现在只剩下8根了（截至2017年，只剩7根了）。

洋流

虽然波浪只携带能量而不携带水本身，但海水也会通过各种方式在地球上大量流动，同样也能通过全球系统传递能量，这就是洋流。最著名的洋流要属墨西哥湾流。这股快速移动的洋流从墨西哥湾出现，横扫佛罗里达州周围，向美国东海岸流去。历史上第一次提到它是在1513年，当时，西班牙探险者胡安·庞塞·德莱昂（他一直在寻找传说中的"不老泉"，但最终发现了佛罗里达州）在他的航海日志中提到了这股洋流的神奇效果。当德莱昂向南航行穿过佛罗里达海峡时，虽然有强劲的顺风，但是他的船却开始向后移动。他把这归因于狭窄的海峡产生的一股水流，并把船驶向海岸，以避开它的流动路径。然而，他没

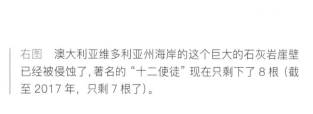
右图　澳大利亚维多利亚州海岸的这个巨大的石灰岩崖壁已经被侵蚀了，著名的"十二使徒"现在只剩下了8根（截至2017年，只剩7根了）。

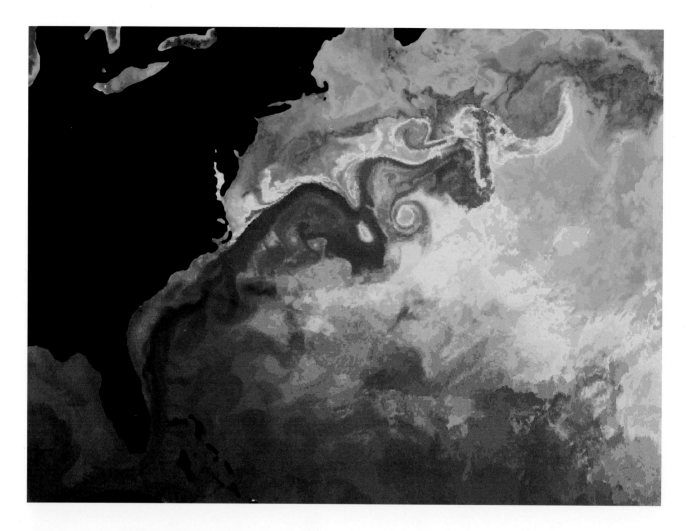

上图 墨西哥湾流的海水和两岸的海水之间的温差可高达10℃。

有意识到的是，这条以每秒 3 000 万吨的速度流经佛罗里达海峡的巨大的海水构成的"河流"，可以以每天 160 千米的速度把他一路带回欧洲。

西班牙的水手们很快便利用上了这条横穿大西洋的捷径，但是，他们并没有公开这条捷径的存在。直到 18 世纪末，著名的科学家、外交家与美国开国元勋本杰明·富兰克林绘制出墨西哥湾流的洋流图，这个秘密才被广泛知晓。富兰克林曾做过著名的"风筝实验"来检验他的电学理论。不为人知的是，他曾有一段时间在英国担任美国殖民地邮政总局副局长。他对邮寄包裹所需的邮船要比商船多花两周时间才能到达美国一事感到非常困惑，于是向他的表兄蒂莫

西·福尔杰（捕鲸船的船长）请教。福尔杰解释说，那些熟悉路程的人会选择往南航行，以避开墨西哥湾流，而邮船则一直逆流航行。福尔杰之所以非常了解这条秘密洋流，是因为鲸经常聚集在它的边缘觅食。而且，他曾告诉过邮船的船长改变航线，但出自一个捕鲸者之口的话却被当作耳旁风。他为富兰克林绘制了一张洋流图。后来，富兰克林又把这张图印了出来交给邮政总局局长，但邮政总局局长却对此置之不理。后来，富兰克林决定去寻找更多的信息。1775

年，富兰克林横渡大西洋，并通过船舷上的温度计读数来测量海水温度。他发现，那股洋流异常温暖，而且水色湛蓝，和通常看到的大西洋的灰色海水很不一样。而且，鲸不会游进这里，因为这股洋流似乎没有携带任何食物。1776年，富兰克林在乘船去法国为美国独立战争寻求支持的危险航行中，每天还抽空继续这项实验观察。最终，他取得了丰硕的研究成果，并几乎准确地解释了这股洋流是由于热带地区海水在美洲东海岸汇聚，并且是由信风驱动的。他还提议把它命名为"墨西哥湾流"。

今天，墨西哥湾流是世界上被研究最细致的洋流之一。人们通过一系列令人惊叹的仪器，使用任何一种可以想到的方法，对它进行勘测、追踪、测量、成像和分析。这些仪器有：中性浮标海流计、声呐SOFAR和RAFOS浮标、回声测深器、层析成像传感器、红外探测卫星、微波卫星等。这些仪器探测出来的图像非常奇妙。墨西哥湾流并不仅仅是一股暖流，而是一个完整的环流系统，产生着大量的漩涡，并不断分离和再次形成。地球自转会使所有水流向右偏斜（科里奥利效应），但是由于东南面比西北面高出1米，重力就会试图将巨大的水体从另一个方向拉回来。这股洋流紧贴着美国东南海岸，仅有80~150千米宽，随着向北流动，流速逐渐增加，最高峰值可达每秒1.5亿立方米，或者每小时5400亿吨。要想描述墨西哥湾流的巨大，用哪个数据来形容都不为过。它从美国东北部出发，穿过大西洋并分叉。北部的支流一直向苏格兰和挪威方向移动，形成北大西洋暖流，而南部的支流则沿着顺时针方向返回加勒比海。

墨西哥湾流携带了大量的热能，据计算相当于人类所消耗的能量总和的100倍，或者大致相当于100万个发电站的发电量，不论怎样，这都着实令人震惊。

可以肯定的是，这种能量能对北欧气候产生影响，使其冬天比原本的更加温暖，而且，它所形成的锋面能持续提供充足的云和雨。

墨西哥湾流并不仅仅只对欧洲天气产生巨大影响。位于墨西哥湾流南部的马尾藻海是一片温暖的巨大水体，它被困在一个从墨西哥湾流主流中旋转出来的循环涡流中。暖空气在马尾藻海上方积聚，于是，在北美大陆上空，墨西哥湾流在这股暖空气和较冷的空气之间形成了一个明显的分界面。某些比较异常的天气现象就发生在这里。冬季，北极地区的冷空气缓缓地越过北美，向海洋弥漫而去，并在墨西哥湾流上方和暖湿气流相遇，结果造成大量烟雾般的水蒸气从海面升起，一直升腾到云层底部。这些"水汽恶魔"裹藏着巨大的能量，相当于每平方千米的海面上就有一个核电站将能量注入大气。这些上升气流往往能产生较广泛的影响，不仅能引发新英格兰地区上空的冰雹，还能形成覆盖不列颠群岛的大西洋气旋。

温暖而潮湿的气流沿着墨西哥湾流的北支上升，经过更冷的海水时向外流动，形成一大片雾。在半年的时间里，当冰冷的拉布拉多洋流向南移动，与穿过墨西哥湾流的湿润空气相撞时，骤降的温度导致湿气凝结，也会形成雾。从格陵兰岛向南漂移的冰山也会使空气中的雾增加，当它们遇到墨西哥湾流的晴朗天气时才会突然浮出水面，于是，还没来得及漂向南部更远的地方，它们就已经被困在这里，并融化了。

大洋输送带

像墨西哥湾流这样的表层洋流是由风驱动的，它以惊人的速度移动，但是，在过去大约30年内，科学家还发现了许多在海洋底部蜿蜒穿行的流速缓慢的

悬赏橡皮鸭

1992年1月10日，一艘从中国香港开往美国塔科马的远洋货轮在北太平洋遭遇了恶劣天气。船身两侧来回摇摆，倾斜将近40°。虽然货轮毫发未损，但有12个集装箱被冲到水中。其中一个集装箱内装有2.9万套塑料沐浴玩具，这些玩具都被打成小包装，每个包装里有一只黄色鸭子、一只红色海狸、一只蓝色小龟和一只绿色青蛙。在掉进海里的几小时内包装散了，于是这些小玩具开始了一次史诗般的旅行。10个月过后，当鸭子开始在阿拉斯加锡特卡附近漂上岸时，海洋学家意识到这是一次探索洋流的绝佳机会。

研究洋流并不容易，因为一段特定的海域内，海水的精确运动几乎是不可能被追踪的。电子浮标可以通过卫星来跟踪，但造价约为每个2 500英镑，而且使用寿命比较短。然而，海上的浮货和弃货却是免费的。全世界每年大约有10 000个货物集装箱落入海中，而且科学家也追踪过一些漂浮物的路线，例如乐高积木、曲棍球手套和伞柄等，其中还包括不时浮在海面上让人倾心的耐克运动鞋。

这些塑料沐浴玩具首先被冲往阿拉斯加，再向西漂往日本，然后在3年的时间里回到北美。接下来，它们进入了北太平洋环流圈——这个巨大涡旋环绕着北太平洋大部分区域。其中一些玩具被困

在涡旋中央的一个被称为"太平洋垃圾带"的地方，那里漂浮的碎片在流速缓慢的海水中堆积，这些不幸的鸭子和它们的一些朋友将在那里结束它们的旅程。在这个令人作呕的地方，严重的污染使区域生态不断退化。然而，其他的玩具则向不同的方向漂流。其中有几千个漂过热带地区，顺着洋流跨过赤道，来到印度尼西亚，再到澳大利亚，然后从太平洋绕回南美洲。还有约10 000个玩具向北漂浮，穿过阿拉斯加和俄罗斯之间的白令海峡，进入北冰洋，其中一些被冻结在海冰之中，并且被带到北极，之后又往南漂浮，经过格陵兰岛和冰岛，最终被融化的浮冰释放到大西洋中。2003年，在赫布里底群岛发现了一只绿色的青蛙玩具，而其他一些则漂向了北美洲东海岸。还有一些往南漂浮，到达了西印度群岛，在那里被快速移动的墨西哥湾流卷进去，然后被带到东部的欧洲大陆和英国。

假如你也有幸寻找到其中一个玩具，看看侧面是否有突起的"美国福喜儿"的字样，如果有，你很可能会获得价值100美元的奖励。

左图 大洋输送带的简明路线。通过这个千年尺度的环流圈，地球上所有的海洋都连在了一起。

地球 行星的力量

洋流。这些洋流都是相互联系的，形成了一个全球循环系统。这个系统不仅把水带到全球各地，而且在全球范围内传送巨大的热量，从而对地球气候产生深远的影响。

想象一下，在很久以前的西欧，一艘远洋轮船正准备靠岸，忽然刮过一阵大西洋西风，于是，这艘船沿着洋流方向漂动。而在这之前，它已经经历了一次旅行，其中所包含的勇气、冒险精神和毅力，今天只有少数人能够理解。也许可以这样想象，在弗朗西斯·德雷克爵士的私掠船上有个水手，也许就是德雷克爵士这个老水手本人，他在清晨梳洗一番，想着几天后就能到达普利茅斯，用新掠夺来的财富换来干净的衣服。想象一下，船上的一些洗漱水突然从船的一侧被倒下去，和海水混合在一起，然后随着充满泡沫和盐分的漩涡流向别处。没错，就是这些水，明天就有可能变成雨淋在你身上。因为，德雷克爵士的洗漱水肯定会成为最大洋流中极小的一部分：这就是大洋的热盐环流系统，通常被称作"大洋输送带"。

大洋输送带是一个连续的循环过程。但是为了方便起见，我们就把起点选在北大西洋，德雷克爵士将洗漱水倒进海洋的地方。首先，在墨西哥湾流北部支流的带动下，海水向北流动，形成北大西洋暖流。这股洋流比较温暖，含盐度也较高（事实上，北大西洋在所有海洋中水温最高、含盐度最高），但是在接近北极的时候，它的温度变低了，密度也开始变得更大，于是在海面结成冰。冰只吸取纯水来形成冰冻结构，盐分则被留在水中。这样一来，留下来的海水就会变得既咸又冷，于是水的密度变得更大，并开始下沉。这块温度低、密度大、含盐度高的水体以惊人的速度垂直下降，比陆地上落差最大的瀑布——安赫尔大瀑布的流速还要快 3.5 倍，而这一切只有通过声波成像

才可以看到。然后，这股洋流和北大西洋深水（这也是一块密度较大、含盐度较高的水体）在大西洋海域汇合。就是从这里，德雷克爵士倒出的洗漱水开始了漫长而又缓慢的旅行。它向南流去，穿过寒冷而黑暗的深海区，最终到达世界的另一边。

这个长途旅行并不是直接进行的，水不能径直横穿海洋，它必须分几个阶段前进：就像喷泉里喷出来的水沿着阶梯流下去那样，它在每个洋盆都会盘旋一段时间，然后进入下一个洋盆。大洋输送带的深水流要经过一系列环流圈，这些洋流的涡旋可能有整个海洋那么大，海水在一个环流圈及其周围缓慢盘旋数年之后就会离开这里，然后流向下一个环流圈。德雷克爵士的洗漱水很可能要花上一个世纪的时间才能绕到南美洲。也许，在伦敦大火（1666 年）发生不久之后，这些水就会到达巴西北部，它从这里向南迂回，继续旅行。也许再过一个世纪之后，当法国大革命达到高潮时，它就到达南极洲了。

在南极洲，这股水流和一股来自南极附近的寒流汇合在一起，然后，输送带分成了两支，其中一支绕过南极洲向澳大利亚方向前进，1 000 年以后，将最终重新出现在北太平洋。另一支一直向北，在维多利亚探险时代开始的时候到达了非洲东部，在漫长的岁月里温度逐年上升，印度殖民时代结束时在印度附近浮出水面。在海水表面，它的旅行速度正在加快。在风力的推动下，它再次向南前进，去往非洲好望角，在那里盘旋一阵之后，又会穿过大西洋去往加勒比海——在这次旅行中，它要在这里或那里的漩涡和环流圈中停留几年。它又一次进入墨西哥湾流，并以惊人的速度回到北大西洋。它在这里被大气蒸发，飘移到欧洲上空，然后随着春雨飘落下来。

水的这段史诗般的旅行对地球的运转有着至关重

要的作用。通过与大气的相互作用，大洋输送带在世界各地重新分配热量，使赤道的酷热和极地的严寒之间逐渐趋于平衡。下沉的冷水将大量新鲜氧气带到深海（因为冷水比温水含氧量更多），这样就会把一个死气沉沉的深渊变成生命的避风港。当它缓慢并蜿蜒地流过海底时，大洋输送带就会从海底沉积物以及被太阳照射过的动植物残体所形成的海洋雪中吸取营养。在南极附近的海域中，环绕南极洲吹过的狂风使上层海水发生漂移，一些深海区的水开始上翻。南极大陆可能是一片贫瘠的荒原，然而，富含营养物质的上升流却使南极海域成为地球上最富饶的海域之一。那里的浮游生物数量庞大，繁衍茂盛，为整个海洋生态系统提供了养料。这些来自深海的营养物质又会沿着食物链传递给磷虾、凤尾鱼、企鹅、海豹和鲸。

在暖水上升和冷水下沉这一简单物理作用的驱动下，大洋输送带一直在控制着地球的健康状况，而且，这个过程几乎是在没有人注意到的情况下发生的。这就是说，直到它出现故障，我们才会注意到。

一个更凉爽、更温暖的世界

20 世纪 60 年代，英国地质学家拉塞尔·库普开始在英格兰西北海岸圣比斯的一个断崖的古老的泥土层中挖掘步甲虫残体。几千年前，这些肉食性甲虫一直在一个泥塘附近快乐地生活着。可是后来，由于盲目爬行，它们掉进了泥塘，就这样结束了生命。年复一年，不断有新的步甲虫掉进这里，覆盖在它们身上

右图 南极风在威德尔海形成的海洋涡旋，它们是大洋输送带的一个重要组成部分。

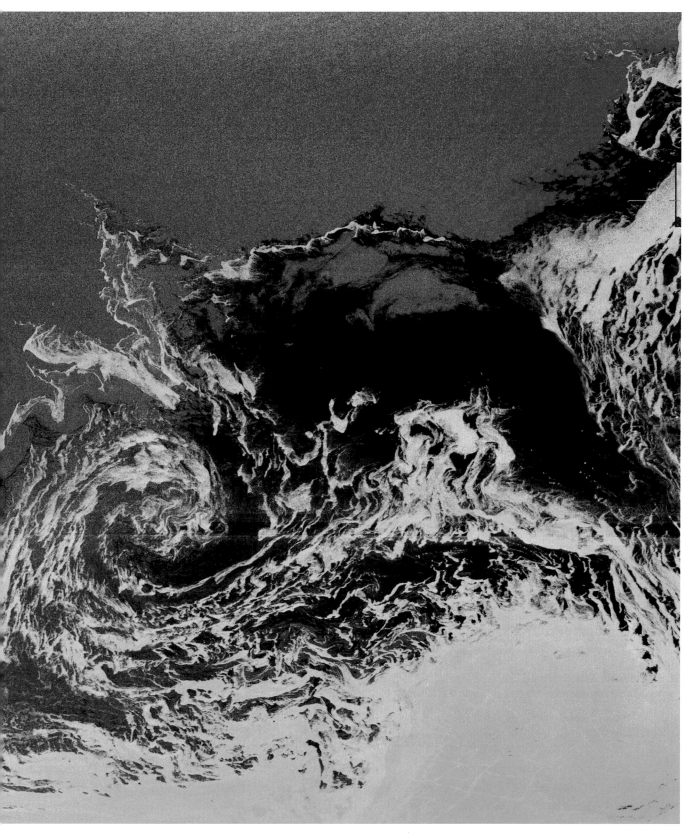

沃克环流

1899年，由于季风降雨不足，印度遭遇了严重的饥荒。印度气象局任命了一位新局长。这位局长一上任就决定查明原因，并找出预测季风的方法，他就是吉尔伯特·沃克爵士，一位典型的爱德华七世时代的博学家。他的兴趣爱好十分广泛，涉及艺术和科学领域，包括绘画、溜冰、滑翔和鸟类飞行的科学研究。他还痴迷于长笛表演，并对长笛的设计做了小小的改进。不仅如此，他还花了10年的时间研究回旋镖（其中有很多是他从澳大利亚运来的）的特性，以进一步发展他关于陀螺仪运动本质的新理论。

沃克是运用统计学来解决季风问题的。这是在数字计算机问世之前发生的事情，当时沃克有充足的人力可供他随意调配。他给那些在印度气象局工作的训练有素的助理布置了任务，让他们从全球天气记录中搜寻重大气象事件之间的任何在统计上显著的相关性线索。随后一种相关性浮出水面：季风的强度和出现时间与印度洋及太平洋上空的相对气压有关。于是他得出了结论，季风一定仅仅是一个更大的全球天气系统的一部分。他还把两个大洋上空的气压振荡命名为"南方涛动"。

沃克花费了多年时间来收集和分析数据。他发现，振荡还与太平洋和印度洋的降雨和风力模态，以及非洲、加拿大南部和美国的温度变化有关。不过，他对于季风预测的尝试最终还是失败了，而且，关于上述相关性的证明也被其他气象学家质疑。但现在看来，沃克的思路显然是非常正确的。于是，为了纪念他，人们把赤道太平洋上空的大气循环称为"沃克环流"。因为沃克的成就远远超出了对季风的预测，他为后人研究全球气候系统的单独性和关联性奠定了基础。

上图 爱德华七世时代的气象学家吉尔伯特·沃克爵士。

左图 有规律的季风降雨是亚洲人民生活的一部分。

的泥浆形成了层层叠叠的沉积物，为后代保存着它们的残体。

步甲虫对温度特别敏感，它们只生活在特定的气候带。然而，生存在圣比斯泥沙层中的步甲虫种类却是随着时间的变化而变化的，由此可以断定，那里的气候一直在不断变化。库普尽量挖掘出多个品种的步甲虫的样本，并且发现，通过将步甲虫分类，他可以建立一份令人惊叹的可以追溯到数千年前的气候记录。但是，有些现象是解释不通的。大约在 11 500 万年前，当地球从冰期中脱身而出的时候，喜暖的步甲虫理应逐渐取代喜冷的步甲虫。让库普感到吃惊的是，情况正好相反。事实上，当时的气候似乎出现了强烈的摇摆：先是变暖，接着突然变冷，然后又变暖。可见 11 500 万年前，正在变暖的地球一定经历了温度骤降，陷入一个"迷你"冰期。

几十年来，库普的研究一直没有引起注意或被人相信，因为普遍的观点认为冰期的结束是个渐进的过程，不是几只步甲虫的化石就可以推翻的。但是后来，人们从格陵兰岛和南极冰原深处挖出了一些冰芯进行测试。冰芯可以揭示关于过去气候的大量信息。封存在远古积雪层中的气泡为我们提供了史前大气的微缩样本，冰中的同位素显示了温度变化的情况。结果也证明，地球并不是逐渐变暖的，而是在很短的时期内突然转变的，在短短的 10 年内，全球温度的变化幅度就达到了 10℃。库普所看到的现象同样反映在冰芯资料里。大约在 11 500 年前，当世界正逐渐变暖的时候，突然就回到了冰期。当时的那次寒冷事件被称作"新仙女木事件"（因当时生长在欧洲的一种冻原植物而得名），持续了 1 000 多年。但是气候怎么会变化得如此快呢？而且，这种情况还有可能再次发生吗？

有一种观点认为：大洋输送带中断了。北美冰川堰塞湖崩塌之后，融水很可能流入了墨西哥湾流的路径，融水稀释了海水中的盐分，阻止了海水下沉。如果大洋输送带发生中断，那么墨西哥湾流的洋流作用将会减弱并向南移动，从而使北大西洋地区不再温暖。"新仙女木事件"是否也是这样发生的呢？人们正在热议这个话题。但是，气候学家确信大洋输送带在过去中断过很多次，并认为全球变暖很可能使它再度中断。

在变暖的环境中，北大西洋的降雨量将会增加，淡水会稀释海水，融化的冰川也会增加。没有人想到变化会如此之快，但是，人们认为大洋输送带对气候变化比较敏感，而且，它中断的可能性也不再遥远。倘若大洋输送带中断了，那么英国冬季的平均气温将会下降 2℃ ~ 5℃，这将是自 250 年前有记录以来最冷的冬季，普通的冬季将比 1962—1963 年的"大冬季"（20 世纪最寒冷的冬季）更冷，而且可能会出现许多比著名的 1683 年冬季更为寒冷的冬季。在 1683 年的冬季，泰晤士河全部冻结成冰，冰层厚达 30 厘米，英吉利海峡也被海冰封锁了。虽然听起来很奇怪，但全球变暖可能会迎来一个新的冰期。

"圣婴"现象

海洋、大气与气候之间错综复杂的关系或许可以在厄尔尼诺现象中得到最好的体现。在过去这些年中，厄尔尼诺给人类带来的灾害迫使人们对它心存恐惧，现在它已成为科学家研究最多的气候现象之一。

每年圣诞节后不久，都会有一股暖流沿着厄瓜多尔和秘鲁的海岸南下。这股洋流更强的时候，偶尔还会流向更远的地方，使当地变得温暖，并带来额外的降雨。通常，沿海居民都期盼大雨的到来，因为随之

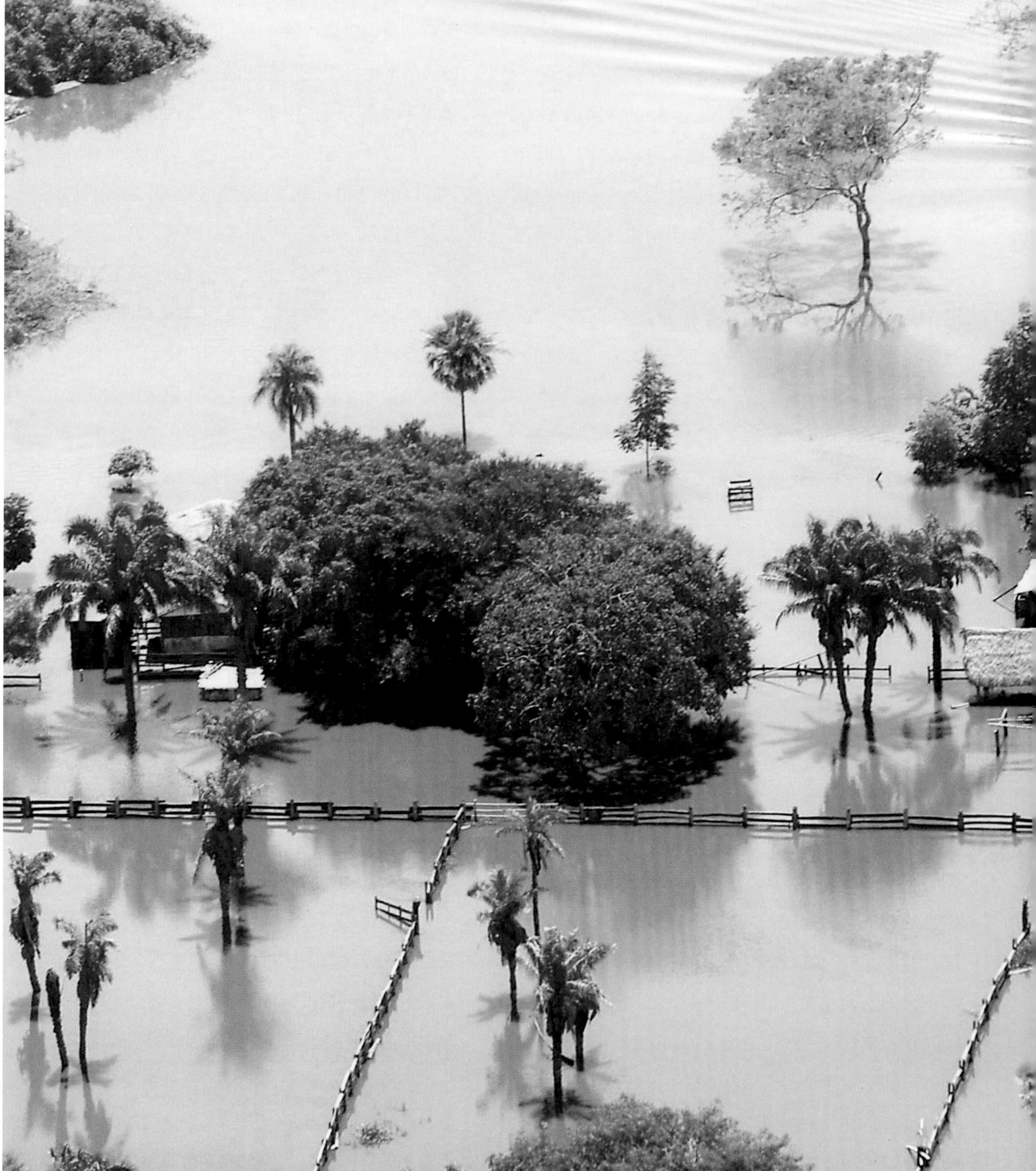

而来的是农作物的丰收。因此，人们把这股不寻常的暖流称作"厄尔尼诺"（西班牙语中意为"小男孩"，指代"圣婴"），它预示着耶稣诞生之后就会迎来一个丰收的季节。然而，厄尔尼诺现象并不总是值得庆祝，因为它同样会给很多地区带来灾难性天气，引发洪水、干旱以及正常降雨模态逆转，造成大面积的灾难和破坏。1998 年，史上最强的一次厄尔尼诺现象给秘鲁带来一片混乱，30 000 处房屋被洪水冲垮，在一个干旱了至少 15 年的沙漠中，几乎一夜之间就出现了一个长 150 千米的湖泊。

要了解一次典型的厄尔尼诺现象，我们首先需要了解正常情况下的气候。在南美洲附近的太平洋海域，通常会形成一个高气压带，信风从这里向西吹过太平洋西部，朝着印度尼西亚上空的低气压带吹去。这股稳定的强风将赤道的表层暖水向西推进，使东南亚的海平面高出约 60 厘米。在暖流的作用下，东南亚的空气变得更加潮湿，这增加了季风带来的雨量。相反，南美洲沿海地区则出现了干旱气候。由于地表水被风吹离海岸，富含营养的冷水从深处涌上来，使这里的海水更凉爽，空气更干燥。当地面风向西吹向亚洲时，高层的风则从相反的方向回流，在亚洲降雨后从高层再向东运行，从而将寒冷干燥的空气带回南美海岸，完成循环，这种大气循环被称作"沃克环流"（参见"沃克环流"，第 162 页）。

这是一个十分微妙的平衡系统，一旦出现微小的变化，整个系统就会崩溃，引发厄尔尼诺事件。信风只要稍有一些缓和，就会成为导火线，立即触发反馈过程。堆积在西部高度较高的大量暖水突然向东涌

左图　厄尔尼诺现象为全球一些地方带来充足的雨量，同时也为许多地区带来灾难。

回，使暖水和潮湿的空气比平常更靠近南美洲附近的海域。这反过来又使空气变暖，从而降低气压，进一步削弱风力。突然之间，太平洋的正常天气就会出现逆转，南美洲沿海地区变成多雨天气，而东南亚和澳大利亚则会变得干旱。对秘鲁的农民而言，雨水是一种恩赐，但对那些以捕获世界上最大的凤尾鱼为生的渔民来讲，厄尔尼诺是一种灾难。没有强风，沿海地区的洋流就不会上翻，海洋就会失去营养物质的来源，这样一来，鱼群就会向南逃散或者死亡。

一次规模较大的厄尔尼诺现象会产生广泛的影响。在赤道太平洋的西侧，东南亚平常湿润的丛林会变得非常干燥，季风也可能无法把水分送到深入内陆的印度西部和埃塞俄比亚高原。热带风暴通常会给东南亚带来充足的降水，但是现在，它们开始东移，然后把倾盆大雨洒在干旱的太平洋群岛上。上空中大量的风暴云会进入急流（环绕地球迅速移动的高空气流）的路径，在这种情况下，急流就会偏离正常路径，对全球天气产生影响。

厄尔尼诺把严重的干旱、林野火灾和饥荒带到了太平洋西部地区，又使东部地区遭遇极具破坏性的洪灾。这些气候剧变现象似乎每 3 ~ 7 年就会发生一次，并且会持续 18 个月左右。接着，伴随着厄尔尼诺的消失，情况向相反的极端转变。于是，东太平洋地区变得异常寒冷，而太平洋西部地区则出现了极其严重的洪灾，这种现象被称作"拉尼娜"（西班牙语中意为"小女孩"，指代"圣女"），是厄尔尼诺的反面。暖水在穿过太平洋时会引起巨大的涨落，它带来的影响几乎是难以想象的——把它想象成一个美国大小的

右图 厄尔尼诺现象对气候系统的干扰会造成森林火灾和洪灾。

波浪，它缓缓地搅动，从地球的一侧移动到另一侧，这完全符合它的名字：ENSO（简称厄尔尼诺－南方涛动）。

对地球而言，厄尔尼诺仅仅是一个小插曲，因为它能对热量和能量进行短暂性的重新分配，并通过这种介入作用使全球气候系统实现再平衡。但是，从人类的角度来讲，它有可能是世界末日灾难中的第五个"骑士"[①]，将会带来一连串灾难性的气候混乱。近年来，历史学家已经在一些重大的或是划时代的历史事件中看到了厄尔尼诺的身影，并做出了重要判断，说明了它对人类文明的影响。如法国大革命、爱尔兰的马铃薯饥荒所带来的农业问题，都与农作物收成不好和异常湿冷的夏季气候一致，如今气象学家把这种情况归因于厄尔尼诺。在地质学记录中我们还会看到，"超强厄尔尼诺"正在大量出现，比近几年势头最猛的厄尔尼诺还要严重20%左右。在中世纪，这种现象每隔300~500年就会发生一次，亚马孙地区严重的旱灾和火灾，以及秘鲁沿海地区世界末日般的洪灾都和它有关。有迹象表明，像这样的超强厄尔尼诺将会再次发生，因为全球变暖正在加速，而且会加剧ENSO的变动。ENSO已经有3个世纪的观测历史，在这个时期内，只发生过八九次"极强"的厄尔尼诺现象，平均每隔42年发生一次，其中规模最大的两次分别发生在1982—1983年和1997—1998年，中间只隔了14年[②]。

① 《圣经新约》的末章《启示录》中有四个骑士，传统上和文学作品里通常将其解释为瘟疫、战争、饥荒和死亡。——编者注
② 以上情况适用于2000年以前，考虑到最新的数据，规模最大的两次分别发生在1997—1998年和2015—2016年，中间间隔了17年。——编者注

当海洋变坏时

在第二章中我们已经了解到大约在2.5亿年前，也就是在二叠纪末期，地球上的生物是如何走向大灭绝的。关于这次大灭绝的证据，今天在某些地方我们仍然可以找到。在意大利阿尔卑斯山脉海拔2 000米的地方有一个黑色的岩层，它曾经是海底的一部分。板块运动使这块古老的海床不断抬升，最终成为意大利白雪皑皑的多洛米蒂山的一部分。这里矗立着一排排崎岖的石灰岩山峰，瀑布倾泻而下，风景如画的山谷与潺潺的溪流交相辉映，景色十分壮观。这个黑色的岩层是页岩，里面保存着大灭绝时期的生物化石，当时海洋中96%的物种都灭绝了。

西伯利亚的火山喷发似乎是这次大灭绝的导火线：地壳被撕开巨大裂缝，熔岩不断喷出，遮蔽了天日，二氧化碳被排入大气，由此产生的温室效应使全球温度上升了5℃左右。在海洋中，所有的后果显现了出来。正如现在，变暖现象在极地最为严重，当极地水域变得太温暖而不能下沉时，大洋输送带将会中断。深海洋流停止运转，深海区的氧气将会消失，全世界海面的表层水都将变暖。在海平面几百米以下的地方水温升高，水体开始静止，而在1 000米以下的深海区，没有任何存活的生物。

深海区大量生物死亡造成的连锁反应就是整个海洋食物链的崩溃，随着时间的推移，大多数海洋生物都会由于缺氧或食物短缺，甚至两种原因兼而有之而死亡。死掉的生物会逐渐下沉到海底，一层层地堆积起来，直到腐烂。它们甚至无法正常地腐烂，因为平常待在海底清除残骸的嗜氧细菌面临缺氧的问题。于是，这些残骸就只能停留在它们原来的地方，然后慢慢压缩成一层厚厚的、黏黏的黑色泥状沉积物，最终

形成页岩。这是一场全球性的灾难。2.5亿年前的页岩现在到处都能被发现，无论是在大陆还是海洋，在中国、美国还是南非和北极。不论是在哪儿找到的，你都要知道眼前这些页岩是数十亿因缺氧而死的海洋生物的残骸。

陆地动物的处境也好不了多少。倘若去美国纽约北部一个著名的湖泊看看，你就明白了。翠湖是一个广受欢迎的景点，周围环绕着茂密的森林，因其湖水呈现出鲜艳的蓝绿色而闻名。然而，它那美丽的外表是一种假象，因为，探索这个湖就好比把时光追溯到2.5亿年前，潜入二叠纪时期陷入死亡的海洋中了。翠湖非常深，所有的地方都超过60米，这里的原住民曾认为它深不见底，而且，它与很多入湖的水源相隔绝。这些因素共同阻止了水的循环，结果导致这里的湖水深处缺乏氧气，变成了一潭死水，就像二叠纪的海洋那样。

在没有做好大量防护措施之前，潜入翠湖是一种相当不明智的做法。在20米的深度，你会看到水从清澈变成令人不安的粉红色，当你越过这个边界时，水将会变得停滞不动。此处可能没有氧气，却有细菌可以"呼吸"其他溶解在水中的物质，它们吸入最多的是硫。正如我们吸入氧气那样，这些细菌以吸入硫来获取能量。在翠湖深处，它们统领着整个生物王国。打开手电筒，大量嗜硫细菌散发着紫色的光芒，就好像给湖水染上了颜色。这应该就是二叠纪时期深海区的样子，它是硫化氢气体出现的明显标志，也是我们目前所知道的毒性最强的物质之一。在高浓度的环境中，吸入一口硫化氢比吸入氰化物更能致命，而且死亡的方式也很可怕。它们能同时攻击多个器官系统，尤其会对神经系统造成损伤，引起瘫痪和窒息。

虽然这些细菌非常小，但是，它们曾经统治过整

上图　鼻鳄的颌骨化石。这种两栖动物也和地球上几乎所有的陆地和海洋物种一样，在二叠纪大灭绝中灭绝。

个海洋。在死气沉沉的二叠纪海洋中，它们制造出大量的硫化氢，并最终使得海水饱和，开始以有毒气体的形式向空气中喷射，致使空气中弥漫着臭鸡蛋的气味。有毒的海洋覆盖了地球表面75%的面积，因此，产生的硫化氢的数量是惊人的。当硫化氢充斥在大气中，每一个想要吸入空气的动物都会中毒而死，从最小的昆虫到陆地上最大的爬行动物，无一例外。伤害远远不止于此，硫化氢会上升到高层大气中，破坏臭氧层，致使动植物暴露在高频紫外线的辐射下。

如果这个理论是正确的，那么，发生在二叠纪末期的事件就是世界上有史以来最大规模的生物中毒事

件。生活在翠湖里的那些嗜硫细菌的遥远的祖先简直势不可当。它们占领了海洋，把大量的致命化学物质排放出来，直到使整个星球充满毒气。一些较小的动物能够存活下来，或许因为它们生活在地下深处，或许因为它们生活在世界上少数几个没有毒气云的地方。但地球上的生命遭到摧毁，它们成为海洋孕育和放大的一系列连锁事件的受害者。

海平面上升

虽然人类的进化是在陆地上完成的，但是，海洋仍然主宰着人类的生存，为我们提供食物和氧气，调节天气和气候。事实上，海洋为地球的福祉所做的贡献要大于全球系统中的其他部分，因此，海洋逐渐显示出来的变化迹象更令人担忧。

随着海洋温度的升高，海平面正在不断上升。造成这一现象的部分原因是陆地冰川的融化，但更主要的原因是大部分水的直接热膨胀，当水温变得更高时，就会发生这种情况。在过去3 000年内，海平面每年上升0.2毫米左右，但在过去两个世纪里，上升的速度加快了，现在的上升速度是每年2毫米[1]，比过去快了10倍。而我们也越来越熟悉海水上涨对全世界的海岸、三角洲区域和低地岛屿所带来的危险。

变暖的另一个明显迹象是珊瑚白化现象的增加。

珊瑚组织之所以拥有艳丽的颜色，是因为有与它们的软组织共生的海藻，它们提供糖和蛋白质以换取遮蔽和保护。然而，这些藻类对温度十分敏感，如果温度过高，它们就会停止生产营养物质。于是，珊瑚就会把它们吐出来，露出如幽灵般的白色白垩质骨架，并最终因缺乏营养而死去。位于澳大利亚海岸附近的大堡礁在1998年和2002年分别遭遇了严重的白化事件，在2002年的事件中将近一半的珊瑚在后期变白，至今还没有完全恢复。

海洋中的化学成分甚至也在变化。部分二氧化碳溶解在水中会形成弱酸，因此，当人类在大气中排放更多二氧化碳的时候，海洋的酸性将会变得更强。至于会产生怎样的结果，目前尚不完全清楚，但一个可能的结果是，浮游生物会发现它们脆弱的骨骼很难钙化。正因为如此，被海洋雪携带到海底的碳将会更少，海洋吸收的二氧化碳也会减少，因为浮游植物的数量正在逐渐减少。更重要的是当浮游植物的数量开始减少的时候，海洋就会失去反射太阳热量的浅色，于是，海水的温度将会变得更高——这正是科学家在解开地球复杂运作机制时试图解决的众多反馈效应之一。

最令人担忧的问题也许是，我们恰恰不知道将会发生什么。在过去大约2 000万年内，海洋一直处于相对稳定的平衡状态，并与地球的其他部分保持了平衡。但是在今天，海洋正被迫以地质史上前所未有的速度发生变化，也没有人真正知道可能会引起怎样的影响。但有一点可以肯定：人类已经开始了一件在我们有生之年无法逆转的事情。即便我们马上停止对地球的污染，让海洋恢复到人类之前的状态，很可能也要花几百万年的时间。

---

[1] 2023年4月21日，世界气象组织发布《2022年全球气候状况》，指出最近的一个10年（2013—2022），全球海平面上升速度是每年4.62毫米。——编者注

左页图　珊瑚礁蕴藏着比我们迄今所发现的还要多的生命形式，然而，随着全球变暖的日益加剧，它们将面临被海洋酸化而毁灭的危险。

浮游植物

人类的祖先可能在几亿年前就离开了海洋，但是在今天，正如地球上的其他生物一样，我们还要完全依赖它，因为海洋里有一群单细胞生物——浮游植物。

浮游植物很可能是地球上最重要的生命形式，它们主宰着海洋，数量远远超过其他的海洋生命形式。单独来讲，浮游植物的体积太小，肉眼几乎看不到，但从太空中可以清楚地看到它们的整体，它们数以万亿地繁衍，漂浮在海洋表面，好像一朵巨大的乳白色花朵。这种生物的大量繁殖是海洋食物链的基础，小到甲壳动物，大到鲸，几乎所有的海洋生物都要从中获取养料。

但是，浮游植物还有一个对于地球的健康更为重要的作用：帮助

地球呼吸。这可以从它们的颜色中找到线索。大片的浮游植物会使海洋变成淡淡的鲜绿色，因为这些有机体中含有叶绿素——一种使植物变绿并进行光合作用的物质。浮游植物也会吸收太阳能量，然后用能量将水分子和二氧化碳分子结合在一起合成养料，释放氧气作为副产品。有意思的是，地球上唯一一个人类无法独立呼吸的地方——海洋，恰恰为我们提供了一半的氧气。浮游植物向大气中输送的氧气相当于全球的森林和丛林加在一起所生产的氧气总量。

浮游植物对地球的益处远不止于此。浮游植物在进行光合作用时会从海水中吸收大量的二氧化碳，而海水又从空气中吸收二氧化碳，从而减轻温室效应。实际上，自工

业革命开始以来，海洋吸收了人类活动所产生的二氧化碳总量的1/3到1/2。某些浮游生物还形成了极微小的碳酸盐骨骼，把碳封存在里面。当它们死去就会变成海洋雪沉到海底，碳也会随着一起沉下去。最终，它们变成了石灰岩，俯冲到地壳深处。碳可以通过火山逸出，重新回到大气中，继续使全球恒温器保持正常运转（参见第二章）。

浮游植物需要某些矿物质，尤其是铁。从落在海上的风吹尘埃中，它们能够获得铁。然而，土地利用的变化已经使随风携带的铁含量大大减少。于是，在过去25年内，浮游植物的数量至少减少了6%。有些科学家建议使用人工"播种"铁微粒来促进浮游植物的生长，使它们的数量恢复到甚至超过正常水平，从而抵消温室气体的排放。这种想法或许有些牵强，但是，在一个比之前400年更热的世界里，海洋正在领导对抗全球变暖的斗争，它们需要得到任何可能的帮助。

左图　浮游植物的显微镜图像显示了它们构造的各种骨架结构，所有这些都有助于它们从大气中吸收二氧化碳。

右页图　英法两国海岸附近聚集的浮游植物好像盛开的花朵一般。

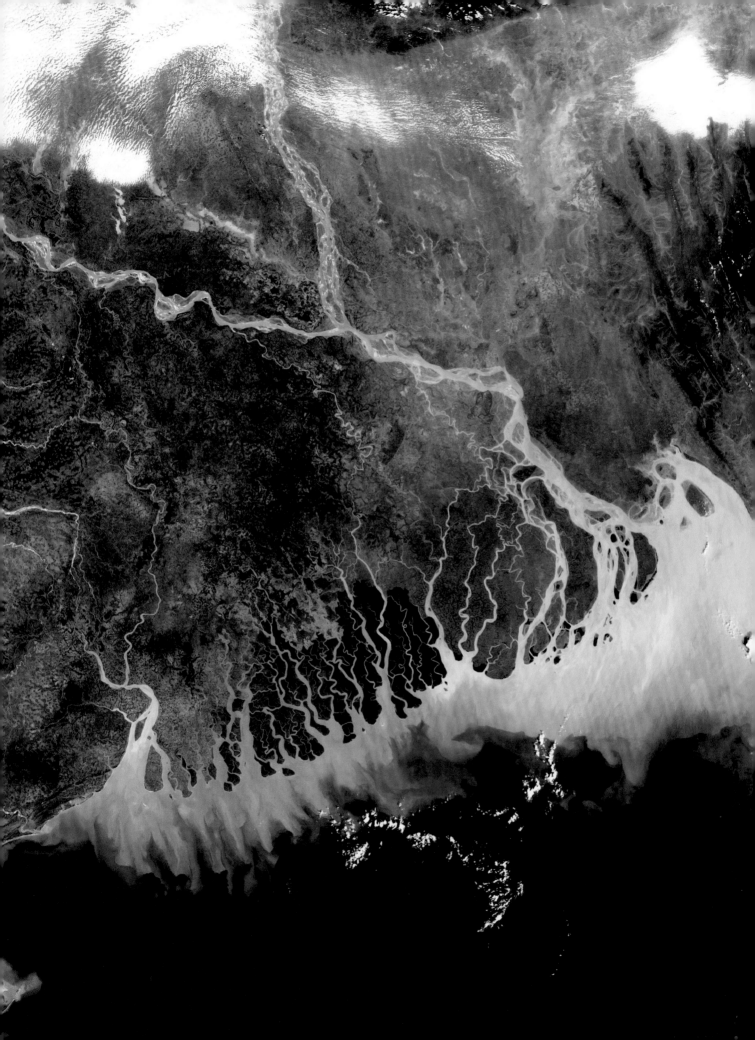

上图　用小型潜水踏板车探测海洋。

左页图　孟加拉国低洼三角洲的卫星图像。随着全球变暖和海洋的扩张，这些陆地将很快被淹没。

第五章

冰 川

　　木星的卫星是伽利略于 1610 年 1 月发现的，它们绕着这颗巨行星有着明显的轨道，这成为伽利略与教会论战的一个关键点：位于太阳系中心的究竟是地球还是太阳。事实证明，这 4 颗"伽利略卫星"，每一颗都有着非凡的特征，其中的一颗"木卫二"有可能就是地球曾经的写照，因为"木卫二"完全被冰覆盖。美国国家航空航天局发射的伽利略号探测器在千禧年之际已绕木星轨道运行了 6 年。它拍摄的图像显示，"木卫二"是一个闪闪发光的冰冻球体，其表面完全被一层厚度约为 30 千米的冰壳覆盖，并呈现出皱裂状的纹样。当它的表面运动时，那些裂缝会裂开，但又会再次冻结。有人认为，"木卫二"冰层的运动独立于其下的岩石表面。相对于内部的固体表面，它们每过一万年就会旋转一次。当受到木星强大引力的牵引和拉伸时，它们就会在一个由液态水组成的潜藏的海洋上滑动。地球从来没有像"木卫二"那样寒冷，因为木星到太阳的距离是地球的 5 倍，仅仅由一层稀薄的大气层为其表面维持热量。尽管如此，在地球漫长的历史中，剧烈的气候变化也曾使地球陷入了冰封，将我们的家园变成了一个巨大的雪球，在阳光的照射下，它那冰封的表面闪耀出炫目的白色。

　　自诞生之日起，地球一直在两个世界之间来回切换：一个是完全没有冰的世界，那里可以享受到宜人的温室气候；另一个是冰封的世界，那里大部分地区都被冰雪覆盖。温暖和寒冷两个世界之间的切换，似乎是由几种过程的相互作用引起的，其中包括地球轨道的周期性变动，以及陆地和海洋几何形状的不断变化。就像互相啮合的生物节律那样，行星事件有时也会联合在一起，当地球和太阳之间的距离比较远时，正好大陆集中在两极地区，会导致世界不可避免地进入冰期。地球上很少出现寒冷期，在地球的发展史上，无冰时代占了将近 90% 的时间。但曾经至少出现过四次寒冷期，正如我们在第三章中所看到的那样，有些寒冷期似乎和生命进化过程中的巨大飞跃有关。年代最近的冰期始于 180 万年以前，我们至今仍然身处其中，如大面积的冰层几乎完全覆盖了格陵

左页图　地球上的冰正从冰川前缘脱落，这是一个持续不断的过程，这个过程正在加速。

第 178~179 页图　极地冰盖正在融化。与热带地区相比，两极的全球变暖更为严重。

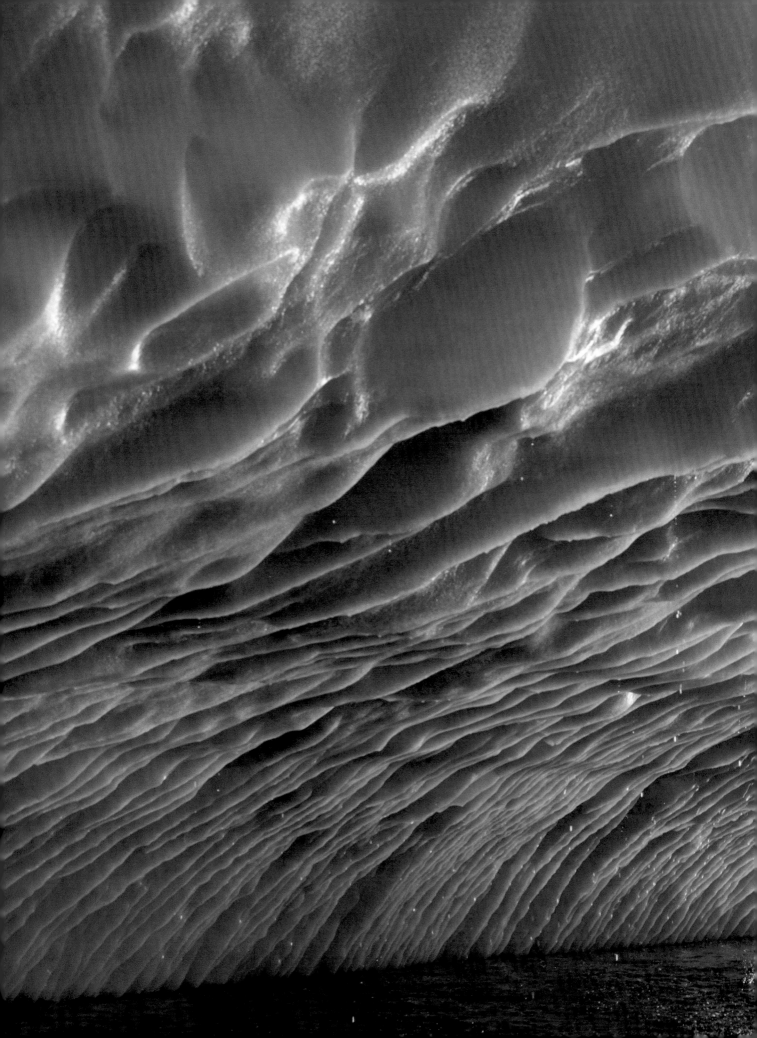

兰岛和南极洲。虽然冰川时而冰冻，时而消融，但是人类却从来不了解无冰的世界。地球上冰川气候的变化使人类的进化得以实现，人类是冰期的创造物。

从雪到冰川

在我们的星球上，大部分冰的最初形态是雪（参见"来自天空的信使"，第 183 页）。形成雪花的冰晶能在大气层的任何地方形成。即使是在热带地区的空中也会有雪存在，但它们只出现在高云处，那里的温度刚好低于冰点。然而，只有当冰冻环境延伸到地平面的时候，雪才有可能到达地球表面，而且只有在最冷的地方，雪才会停留一段时间。在极地和高海拔地区，每年都有大量降雪。那里的雪还来不及完全融化，就开始不断积累起来。只有部分雪会融化，而后又再次冻结。它们凝结在一起，压实并重新结晶成圆形的冰体小颗粒，这种小颗粒叫作"粒雪"。粒雪上又会有新的积雪，随着积雪重量的不断增加，粒雪会被挤得更紧，并最终聚合在一起。当冰层的厚度达到几十米的时候，粒雪就会形成像足球那么大的相互连接的冰晶。随着密度的增大，冰晶逐渐形成冰川冰。在上面的冰层所产生的重压下，冰川冰开始向下流动。

从雪到冰川冰的转变，取决于雪的表面所出现的融化和重新结晶的次数，这个过程需要几年甚至几百年。但在重力面前，它最终还是选择了妥协，开始移动了。虽然冰川看起来都是冻结而静止的，但事实上，地球上所有的冰川都在运动。在法国阿尔卑斯山沙莫尼看到壮观的冰海的第一个英国人把它描述成"一个突然冻结的波涛汹涌的海洋"。冰川的法语名称便由此而来，意思是"冰海"，这个描述用最形象的语言捕捉到了地球冰原的特性。

地球上约有 3 000 万立方千米的冰。如果把它们均匀地铺开，足以用厚度为 60 米的冰层覆盖整个地球。然而幸运的是，它们只集中在地球的某些区域，例如横跨南极洲和格陵兰的巨大冰原，或是从白雪皑皑的山上流下来的较小的冰川。只有少数人足够幸运，可以见证火山喷发时的那种令人敬畏的画面、声音和感觉，但是，站在一座冰川旁边感受地球自然力的巨大能量也不失为一种更加安全可靠的方法。冰川的前缘往往给人造成一种假象。仔细观察一下，你会发现它身上隐约透露出一种褪色的廉价感。冰川并不是晶莹剔透的，它很脏，里面掺杂着一些沉积物，以及它在前移过程中所碰到的泥土和岩石。夏天，它会变得浑浊，融化的水不断滴落，在你脚下形成注满脏水的水坑。水的颜色绝大部分是略带一丝浅蓝的脏灰色，外面包裹着一层极力维持纯净的白色涂层。从表面上看，冰川似乎是静止不动的，但是，它的声音却能使人心里一震。这并不是冰块轻敲鸡尾酒杯时所发出的轻微的"叮当声"，而是一种更有力、更能激起恐惧感的声音。倘若你靠近一座冰川的边缘，无论是在阿尔卑斯山滑雪场还是在冰岛荒原，你的耳边将会响起连续不断、缓慢而低沉的声音，呻吟声、破碎声和嘎吱声混杂在一起，就像古代的木质大帆船在波浪翻滚的海上航行一样，偶尔还会传来突然破裂的声响，仿佛巨大的岩石板在不可想象的压力下终于倒塌。因为冰川在不断运动，在前进的过程中，它把坚固的岩石推开，之后留下被冰雪削刮后支离破碎的地貌。

右页图　美国阿拉斯加朱诺冰原的鹿角状冰川前缘。

来自天空的信使

1885 年 1 月，美国农夫威尔逊·本特利拍摄了世界上第一张雪花的照片。自童年时代起，本特利就被雪花的精致外观迷住了。他还发现了一种看雪花的方法：让雪花落到黑丝绒上面，就能够更近距离地观察雪花的形状了。可是，还没来得及把雪花画出来，它们就已经融化了。于是，经过反复实验，本特利想出了另一种方法。他把一台折叠暗箱照相机和一台显微镜连接在一起，然后开始拍照。他用这种方法拍摄了 5 000 多张照片，其中大部分发表在世界各地的杂志、图书和报纸上。他把此次创作的主题称作"奇迹般的美丽"，并通过观察得出了一个著名的结论：没有两片完全相同的雪花——但这个观点一直没有得到证实，也没有被证伪。

雪花只是一些冰晶，它们似乎能形成无限多的形状，因为每一片雪花都是被一组独特的大气环境雕琢而成的。雪花生命的雏形是"晶粒"——一种微小的大气尘埃颗粒，它们能为来自冷空气中的水分提供一个面，以使其结晶。冰晶能够呈现出一系列不同的形状，有较细的针体、中空的柱状体、六边形片状体和六角星状体，这些都取决于恰好的温度和湿度。所有的雪花都有一个六边形的晶体结构，它源于水分子的基本结构，因此，雪花通常都有六条边。当刚刚形成的雪花生长的时候，晶体沿六个方向从中心向外延伸，随着周围大气环境的变化而分支、改变形状。当重量变大时，雪花就开始飘落，速度可能达到每小时 3～5 千米。下降的过程中，雪花一边翻滚一边旋转，这样有助于保持它对称的形状。雪花非常脆弱，很容易破碎。在比较温暖的空气中，雪花会变得湿润，然后黏在一起形成不规则的块状物，这样一来，只有 1/4 的雪花在到达地面时会完好无损地保持它们那漂亮的几何形状。即使如此，它们偶尔也会增长到惊人的地步。1951 年 4 月，英国就出现过有史以来最大的雪花，其直径达到了 12.5 厘米。

日本物理学家中谷宇吉郎从本特利所拍摄的照片中得到了启发，于是，他开始了一项研究雪晶体结构的宏伟计划。他用多年的时间在实验室里拍摄雪花，对它们进行分类，并苦心钻研重塑雪晶的方法。最终他得出了每一种晶体形成时所需的独特的大气环境，并将研究成果绘制在一张图表上。这张图表现在被称作"中谷图"，借助这张图表，我们就能了解刻在雪花上面的气象信息，从而推断出高空的大气环境。中谷宇吉郎将雪花比喻为"来自天空的信使"。

下图 威尔逊·本特利用照相机和显微镜拍摄到的雪花照片（5 张）。今天，这套图像仍然具有权威性。根据照片显示，每一片雪花都是独一无二的。

左页图 冰晶能够呈现出一系列不同的形状，有中空的柱状体、六边形片状体和六角星状体。

冰河

从卫星上看，冰川组成了一幅无与伦比的美丽画面。在蜿蜒曲折的形状中，我们可以清楚地看到它们的流动性：它们像巨大的河流那样慢慢向山下流淌，沿着山脉蜿蜒流动，穿过峡谷，然后在下面的冰原上漫延，在前进的过程中将土地撕裂开来。即使是在看似平坦而空寂的由冰雪覆盖的南极洲平原上，我们也能通过卫星图像看到它起伏的模样，这让人联想到海浪。数十年来，探险家和科学家徒步穿越了冰原，但是他们没有意识到自己正在绵延数千米的积雪"超级沙丘"上行走，并随着它的起伏时上时下。南极洲东部就有一个这样的冰原"沙丘"，它所覆盖的区域有加利福尼亚州那么大，上面的大波痕只有从太空中才可以看到。

但是，要想目睹冰川移动时最壮观的情景，你最好从冰川底部而不是从上方观察。在挪威，斯瓦蒂森冰川分裂成两个冰川而流失，其中一个是安格布林冰川。在同一类型的冰川中，安格布林冰川并不是最大的，移动速度也不是最快的。它之所以独特，是因为挪威水资源和能源管理委员会直接在它下面开挖了一个别具一格的实验室。

先乘飞机，再开长途车，然后划船经过一个峡湾，再徒步登上一座山，就到达了斯瓦蒂森冰川下实验室的入口处。这个实验室恰好位于北极圈内。工程师从冰川底部开挖了一条 1.6 千米长的岩石隧道，那里就是科学家进行冰上实验的地方。站在很高的地方用肉眼望去，冰川的表面似乎是静止不动的，但它那皱裂

右图　美国阿拉斯加的米德冰川，向我们展现了冰河的流动性。

破碎的表面是它所经历的动荡的唯一线索。在冰层以下 200 米深的地方，科学家必须不停地用高压热水喷射的方法重新开挖这个 10 米深的洞穴，因为冰在不断移动，如果不加以控制，这个洞穴将会在几天之内被填堵上，然后成为不断磨蚀和滑动的冰的一部分。水也许是清澈透明的，但是在冰川以下的洞穴深处确是一片漆黑。要是打开一盏大功率的电灯，实验室里面起伏的墙壁和天花板就会发出耀眼的蓝光，封闭在冰层里面的巨大"水泡"时不时地会突然破裂，冰冷的水滴就会滴在科学家身上。对科学家而言，这些液态水泡的出现着实令人震惊，至于为什么会有这么多的水泡，他们至今仍然无法解释。然而，有一点很清楚：冰川比我们之前想象的更具可塑性——它很容易变形，就像牙膏一样，它能挤进任何一个可利用的空间。科学家收集了一些关于冰川的数据，包括冰川的温度和移动速度，以及冰川对下层岩石所施加的巨大压力。这样一来，科学家可以更加深入地了解冰川的奇特力学。在冰川底部，冰层非常脏，里面掺杂着沙砾和砾石，它们磨蚀和削刮着下面的陆地，就像砂纸打磨木料那样。恰恰是冰川的这一过程塑造着我们的星球。

河流的侵蚀使河谷呈现出典型的 V 字形。流动的水寻找着最低的地面，并在其中切割出一条更深的通道，而两侧的地面被侵蚀得较慢，形成了斜坡。冰川的形成则截然不同。冰会填满整个峡谷，然后像一台推土机那样沿着峡谷前进，岩石碎屑冲刷着每个表面。在这个过程中，大量沉积物和砾石都会被卷走，它们

左图 阿拉斯加冰河海湾国家公园的缪尔冰川下面的一个冰洞。当融水从冰川下面流过时，就会自然形成一些临时性的、不稳定的空洞。

有时会被冲到几千米以外的地方，最终被倾泻在"消融带"的湿泥堆里，即冰川前缘正在融化的地方。因为冰川会侵蚀谷坡和谷底，所以，它会把峡谷蚀刻成一个明显的 U 字形。我们不仅可以在山中找到这样的 U 形峡谷，在整个南半球地区也都能看到，它们是冰期的巨大冰川和冰原留下的遗产。

　　冰期的冰川还留下了许多其他可以证明它们存在过的痕迹。成堆的被倾泻的碎石，即冰碛，形成了各具特色的小丘和山脊。更多的冰碛是流线型的，当冰川滑过的时候，它们被蚀刻成泪滴的形状，这样的小丘被称作"鼓丘"。在纽约州的罗切斯特东部，有一个由大约 10 000 个鼓丘组成的鼓丘原，这是世界上最大的鼓丘原之一。纽约中央公园的巨大冰砾则被称作"漂砾"，它们是由新泽西岛冰川带来的，而科尼岛则是沙砾平原的一部分，它是由一个融化的冰川冲刷而形成的。即使是曼哈顿的天际线，也是由曾经覆盖着这座岛的冰原塑造而成的。与边缘相比，曼哈顿岛中心的基岩受侵蚀的程度更深。冰川的尾迹中留下了黏土沉积物。在这座岛的南北两端，露在外面的基岩非常坚固，足以支撑最高建筑物的地基，而留在中部的黏土却不够坚固。对东部的长岛而言，那是一个"终碛"——一堆倾泻在冰川尽头的碎屑堆积物。

　　从约塞米蒂国家公园（位于美国加利福尼亚州中部）令人陶醉的美景中很容易发现冰期的特征。约塞米蒂山谷位于公园的中心，是全世界最典型的 U 形峡谷之一。陡峻的埃尔卡皮坦花岗岩峭壁和半圆顶悬崖都是由冰川蚀刻而成的。当冰川冲下山谷时，冰撕裂了山谷的两侧，破坏了山谷，使岩石开裂或成为碎片。

右图　这些漂砾是由消退的冰川留下来的，在美国约塞米蒂国家公园，冰川将光滑的岩石表面打磨得锃亮。

冰川的秘密

1942年夏季，美国派驻在英国的军用飞机出现了严重短缺，于是，美国军事领导开始实施"波莱罗"计划，以努力加强战略力量。用轮船来运送飞机是一种冒险行为，因为德国U型潜艇的目标正是盟军舰队，所以美国决定借助拉布拉多、格陵兰岛和冰岛的加油点把其中一部分飞机运往英国。7月15日，25位美国陆军航空兵执行了此项任务，他们派出了两架B-17"飞行堡垒"重型轰炸机和六架P-38闪电战斗机。在格陵兰岛上空，他们突然遇到了恶劣的天气，最终被迫降落到冰原上，并把飞机扔在了那里。由于长年累月的积雪，飞机渐渐从人们的视野中淡出，直到它成为格陵兰冰盖的一部分。

46年以后，一个热衷于探险的团队重新回到事发地点，使用探地雷达来确定飞机的位置，找到了当年失联的飞机中队。根据降雪记录，它们应该在大约15米深的地方，但探测结果显示，它们却在冰层以下80米处。半个世纪的冰川积累使飞机处于不利的位置。在试图挖出轰炸机的过程中，他们发现飞机的结构已被严重毁坏，原因是埋在下面的冰不断变形。接下来，这个团队又试图寻回其中一架闪电战斗机。这次尝试非常成功，他们发现，体积较小的飞机在冰层内抵抗挤压的力量更强。这架闪电战斗机目前已被修复，并且被运往英国去完成交付任务——只是这一切都发生在65年之后。丢失的飞机不仅激起了航空爱好者的兴趣，还提供了一些关于格陵兰岛冰层积累速度的证据，而这些证据对科学家研究气候变化至关重要。

冰层下面还掩藏着更多令人震惊的发现，其中最著名的发现也许是"冰人奥茨"，即木乃伊化的石器时代的猎人。5000年前，他在阿尔卑斯山的一座高峰上去世之后就一直被掩埋在那里，直到1991年，一支登山队才发现了他。他的身体和随身物品都保存得十分完好，以至登山队员认为这一定是具现代尸体。还有在西伯利亚的冻原上发现了完整的猛犸象冻尸，并由此推测出这种生物很可能会复活。再就是"星尘"号航班事件。1947年，英国大型客机在飞过安第斯山脉的时候永久地消失了，没有留下任何痕迹。直到50年以后，它的残骸和一些遇难者的尸体才从一座冰川下面显现出来，这些都是冰川从山上运下来的。

在最近这些年，人们才意识到冰下隐藏的全部空间。1996年，据探地雷达、地震勘测和卫星图像显示，在南极主冰盖以下4000米深的地方，隐藏着一个巨大且充满液态水的湖泊，我们把它称作"沃斯托克湖"。这个湖泊在冰下至少被封存了50万年，当然也可能更久。1998年，科学家把冰盖钻开，在靠近湖面的地方小心翼翼地取出一些样本，但没有深入湖水内部。样本中所含的微生物表明，湖水里面很可能有着一个独特的生态系统，它的进化是在与地球上其他生态系统隔绝的情况下进行的。然而，研究这个湖泊却使科学家陷入了两难境地：要想从水中取到样本，就必须打破冰层，结束这个湖泊与世隔绝的历史，但是，这些史前的原始水体肯定要被污染。

下图　其中一架飞机的残骸，被人们从冰川中解救出来。

只有最坚硬的岩石才能被保存下来，成为壮观的峭壁，它吸引着成千上万的游客蜂拥而至。仔细观察，你会发现岩石上有许多横向划痕，那是碎屑曾经刮过的地方，划痕的周围是光滑的表面。在约塞米蒂广阔的土地上，你会发现壮观的巨砾在狭窄的基座上保持着平衡：在冰川的作用下，漂砾落到岩石上，它们依然完好无损，但是，比较柔软的岩石会被侵蚀成一个狭窄的尖柱，支撑着上面的漂砾。远离于主峡谷底部的地方是一些毗邻的小 U 形峡谷。当冰川消退的时候，它们位于很高的地方且已干涸。这些峡谷里面的冰川比较小，与它们所滋养的主冰川相比，这些小冰川切入地面的深度要浅得多。如今，每逢夏天，布里达尔维尔瀑布就会从这些"悬谷"中倾泻而出，顺着闪闪发光的花岗岩峭壁飞流直下，为这里壮观的景色增添了色彩。

冰雪地球

正如第二章所讲，由于地球恒温器的良好运转，地球似乎一直将其表面的温度保持在一个适宜生命生存的范围内。当温度过高时，风化速度就会加快，二氧化碳会随着降雨从空气中分离出来，从而使温度再次降低；当温度过低时，风化速度减慢，二氧化碳又会重新累积，使地球变得更加温暖。数十亿年以来，这种自我调节系统一直在发挥着惊人的作用。但它并不完美，它似乎会不时地发生故障，使全球气候陷入紊乱。

半个多世纪以来，地质学家一直对世界某些地方

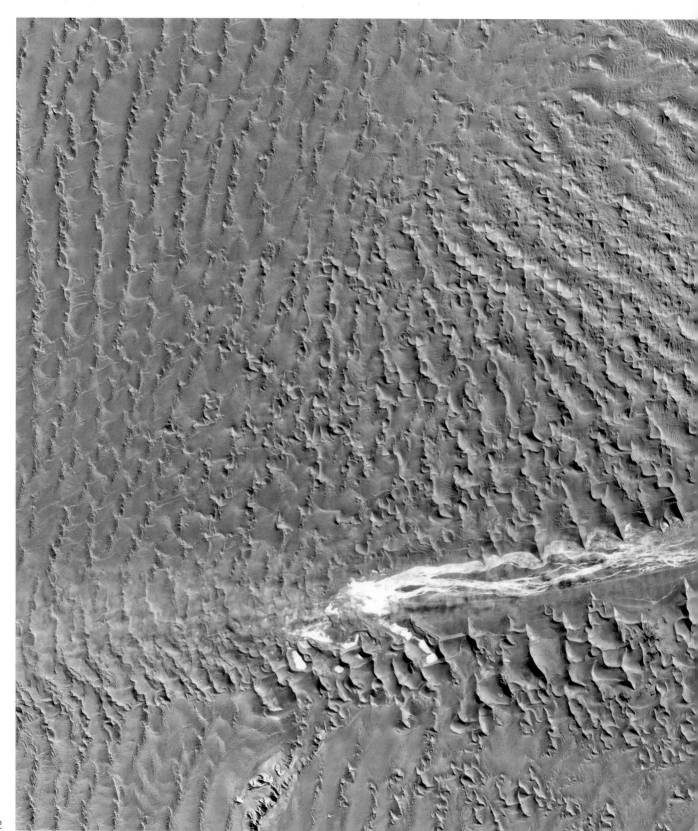

的冰川构造感到困惑不解。例如，在纳米比亚有一些极具特色的"坠石"——当冰川倾泻后，周围形成了沉积岩，"坠石"是嵌入沉积岩的冰砾。令人疑惑的是，这些石块掉下来的时候，纳米比亚根本不在两极附近，事实上，它比现在更靠近赤道。因此，我们难免会得出这样的结论，即冰川过去在地球上所覆盖的区域一定比今天大得多，其覆盖面甚至延伸到了赤道，直接把地球塑造成了一个冰封世界：冰雪地球。

类似的情况似乎发生过多次。在第三章中，我们已经了解到大约在 24.5 亿年前，冰雪地球事件可能发生过一次，当时大气中的氧气浓度在升高，但冰盖是否到达过赤道却没有确凿的证据。如今，更多有力的证据彰显出冰雪地球在 6.3 亿～7.8 亿年前曾出现过，而且当时似乎出现过至少两次冰封的时期，整个地球都被冰盖包裹起来。没有人确切知道究竟是什么使地球气候失去了平衡，但地球自我调节恒定温度的能力显然遭到了灾难性的破坏。当地球的温度变冷时，大面积的冰原将会从极地向外延伸。不断漫延的冰原将更多的太阳热量反射回太空，使地球温度进一步变低，从而形成越来越多的冰。于是，地球陷入了一次失控的深度冰封。

虽然很难想象当时的环境有多么可怕，但在最严寒的那个时期内，地球上的环境一定极其恶劣。今天，覆盖在北冰洋上的海冰大约有 2 米厚；在冰雪地球时代，它的厚度可达到 1 000 米。今天，地球表面的平均温度为 15℃；在冰雪地球时代，温度则低至 -50℃，甚至连赤道地区的平均温度也仅

左图 今天，纳米比亚因太阳光灼烧而形成的地貌已经被埋在了一望无际的大沙丘下，但是，这个地区岩石上的一些迹象表明，这块土地曾经被冰川覆盖。

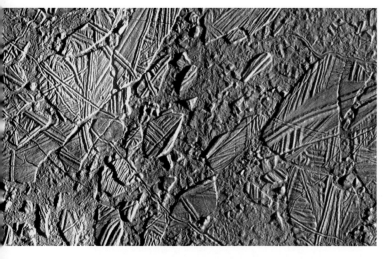

上图 "木卫二"的表面被冰层覆盖着,上面有很多裂缝。原先张开的裂缝很可能会被重新冻结。在太阳系的所有星球中,"木卫二"的外观很可能和冰雪地球最相似。

右页图 美国怀俄明州的 U 形峡谷,它那陡峭的岩壁表明它曾被冰川侵蚀过。

为 -20℃。由于海洋被冰川覆盖,空气和海洋之间无法交换气体和水分,这样一来,无法形成蒸发和降雨。在海洋深处,因为从火山口喷出的化学物质聚集于此,海水变得具有毒性。由于没有雨雪,大气变得异常干燥,所以,内陆地区很可能变成一片荒芜的沙漠,就像南极洲现在的"干谷"那样,沙漠中的冰在没有化成水之前就直接蒸发到干燥的空气中。呼啸的狂风侵蚀着陆地,将扬起的尘埃抛到冰原上。也许,冰雪地球根本不是炫目的白色,如果从太空中看,地球表面的颜色很可能是暗淡斑驳的,白色中夹杂着一些棕色和灰色的斑点。

如果地球永远被封存在"冷冻库"里,这将非常可怕。因为,一旦冰川将整个地球"埋葬",大量的太阳热量就会被反射回去,这样一来,地球可能永远不会再次变得温暖了。但最终,地球恒温器还是恢复了正常运转。大约在 6.35 亿年前,从火山口喷发出

来的温室气体拯救了地球,地球也终于从冰层下露出身影。而且,正如第三章所讲,冰川融化之后,一次难以想象的生命大繁荣接踵而至。第一批动物出现了,不久之后它们的形态就呈现出了惊人的多样性。这次剧烈的进化被称作"寒武纪大爆发",正是这个过程奠定了现存所有物种身体结构的进化基础。

大洪水

冰川在缓慢地侵蚀地球表面的时候,也在为地球塑造着令人惊叹的自然美景。然而,冰川融化所产生的影响却更加引人关注。1996 年 10 月,位于欧洲最大的瓦特纳冰川下方的格里姆火山(位于冰岛)开始喷发。一团团的蒸汽从冰层下面升起,冰川中心开始下沉,场面令人十分不安。紧接着冰川底部不断融化,火山口中注满了水,致使喷发停了下来,但是,冰下湖泊在接下来的三周内继续扩大,它的体积膨胀到了接近 4 立方千米,直到 11 月 5 日,一场地震引发了势不可当的冰川崩裂,这在冰岛当地被称作"冰川洪水"。水从冰川下面溢出来,以每秒 50 000 立方米的速度横扫大地,导致公路、桥梁和输电线被毁坏。在最后的关键时刻,火山于次日再次喷发。几乎可以肯定的是,这次喷发是由压力的释放引起的,而压力来自流经这个地区的水的巨大重量。

以现在的标准来看,格里姆火山冰川洪水的水量巨大,但是和过去的洪水泛滥相比,这次洪水就太微不足道了。在美国华盛顿州,有一块面积约为 40 000 平方千米的空地,上面布满了侵蚀而成的沟壑、坑槽和波痕。这块地形非常独特,完全不同于地球上的其他地方。这片区域被称作"沟槽疤地带",瘢痕状的地形是它独有的侵蚀特征。形成这种地貌的

原因是大洪水的侵蚀作用。在最近一次冰期的末期，一个巨大的冰原（科迪勒拉冰原）覆盖了北美洲西部的大部分区域。其南部延伸到落基山脉，在那里，冰川分裂开后像伸出的手指一样穿过高地和峡谷，冰坝阻塞了融水河流，于是，这些冰坝后面就形成了巨大的湖泊。其中最大的是米苏拉湖，它的最大储水量比今天的安大略湖和伊利湖加在一起还要多。米苏拉湖实际上是个内陆湖，直径约 300 千米。米苏拉湖的水位不断上升，直到湖水的深度达到 600 米左右，但接下来，冰坝底部的冰川开始上浮，并逐渐脱离岩床。最终形成的冰川洪水规模和威力巨大，几乎达到了难以想象的程度。仅在 2 天之内，湖里的水就流干了。2 000 立方千米的水以高达每小时 100 千米的速度倾泻而出，穿过华盛顿州，朝太平洋奔流而去。

洪水来临之前，矗立的水墙前方出现大量压缩空气，一阵狂风刮起，地面开始晃动。洪水来临半小时之前，风已经开始咆哮了。风越来越猛，将树连根拔起，形成了遮天蔽日的沙尘暴，接着下起了倾盆大雨。然后，洪水就来了。在这种情况下，每一种生物都难逃厄运：它们被冲到下游很远的地方，在那里，到处散布着猛犸象和其他大型草食动物的骨头。漂砾和冰川碰撞在一起，巨浪席卷而下形成狂暴的急流，岩石、巨砾和树木都被掀到离水面很高的地方，这些共同形成了震耳欲聋的声响。强大的漩涡携带着漂砾和冰块，并猛烈地搅拌着它们，旋转的水柱则朝着地面钻下去，在坚硬的岩层中凿出了世界上最大的壶穴。地面上的所有土壤都被洪水冲走，露出了下面粗糙的玄武岩，最终它们又被冲刷成凹凸不平的疤地。每小

右图　美国西北部的沟槽疤地带，是由一系列"大洪水"冲刷而成的，这些洪水来自冰期的某个冰川湖。

时约有 40 立方千米的水从湖中涌出，这远远比今天世界上所有河流的水流速度加在一起还要快。从陆地上冲刷下来的沉积物被冲到 2 000 千米以外的太平洋内。在几小时内，咆哮的洪水就开凿出了深深的大峡谷、河道和瀑布，其中一个瀑布高 150 米、宽 5 千米，是现在尼亚加拉瀑布的 10 倍。即使是在今天，我们也可以看到比房子还要高的巨大波浪的痕迹，以及洪水过后，冲来堆积如山的沙砾，还有散落在大地上的 200 吨漂砾，其中有一些甚至是从 1 000 千米远的地方被冲来的。

米苏拉湖不止发过一次洪水。当湖水流干以后，冰坝就会迅速恢复原状，然后再过几十年，湖里又会重新注满水。等到冰川再次变得不稳定时，冰坝就会崩裂。当然，冰原在冰期末期出现了消退，洪水的势头也随之逐渐减弱。虽然如此，这里的地形仍然为我们展现了 40 多次这样剧烈的洪水暴发的迹象。虽然洪水肯定会对卷入其中的所有生灵产生灾难性影响，甚至还包括一些最早到达美洲大陆的人，但是，这些周期性暴发的大洪水并不是毫无价值的。俄勒冈西部肥沃的土壤全是洪水中的沉积物组成的，至少它们为世界上最优质的葡萄园提供了土壤环境。

流动的水

冰川不仅塑造了地貌，而且，因其非常独特的属性，还塑造了进化的过程。水与其他物质有一个关键的不同之处：水在冻结时会发生膨胀，而大部分物质在温度升高时才会膨胀，密度随着膨胀逐渐变小，质量也变得越来越轻。水在液态和气态的情况下也会如此：如果将它加热，就会膨胀，密度会变小；如果将它冷却，则会收缩，密度也会随之变大。正如我们在

上一章所看到的，海水的密度随着冷却和升温而变化，驱动着大洋输送带的运转。虽然从目前来看一切还算顺利，但是当水的温度冷却到 4℃ 以下并接近冰点的时候，水分子的间隙就会变大，开始呈现出冰的晶体形状，于是，水开始膨胀，质量也慢慢变轻，最终导致固态水漂浮在液态水上面，而其他物质几乎不会出现这种现象。

假设地球上水的形态的存在方式恰恰相反，如湖泊、池塘和河流结冰的方式不是从上往下冻结，而是从下往上结冰，那么，就会有冰晶像雪一样从冰冷的水面落下来。倘若水面上没有冰层把深水区和冷空气隔开，水体就会全部冻结。事实上，湖泊和池塘的底部几乎总会有一层液态水，即使它们表面被冻得很结实。水在 4℃ 时密度和质量最大，因此，湖泊和池塘底部的水温一直维持在这个温度，从而为生物提供了一个稳定的生存环境，使它们能够度过严寒的冬季。即使是在冰雪地球时代，当冰川覆盖整个星球的时候，水的这一神奇特征也确保了生命的庇护所仍然存在。

因为冰能够在水面上漂浮，所以才造就了自然界最壮观的冰川"孵化场"。在格陵兰岛中部，降落在冰原上的新雪将开始一次长达 10 万年的冰川旅行。冰将会沿着冰川传送带流向海岸，最终脱离成为冰山。格陵兰冰盖是地球上除南极冰盖以外最大的冰盖。它的一些关键数据让人难以置信。它的面积超过 170 万平方千米，总冰量为 250 万立方千米，占世界总冰量的 10%。它的平均厚度为 1 500 米，最高点位于"南部穹顶"区，厚度可达 3 200 米，而且，它巨大的重量已经把下方的陆地压陷，并将底部基岩压到海平面以下。如果格陵兰冰盖融化，再加上北极地区其他较小的冰盖也一并融化，全球的海平面将会上升 6~7 米。

格陵兰冰盖绝不是一个巨大的实体冰块。冰在格

挪亚洪水

有种颇具争议性的理论认为：在上一个冰期，海平面至少要比今天低100米。当时，地中海和黑海之间由一片狭长地带隔开，刚好穿过今天的博斯普鲁斯海峡，与海洋隔绝的黑海只不过是一个低洼的湖泊。这一理论的证据源于一些从黑海底部挖出来的沉积物样本，其中包含了在河流三角洲常见的泥浆和贝类。这些样本表明，当时的海洋比今天要小得多，而且浅得多，仅由那些源自欧洲中部的河流汇入。潜水员还在海洋深处发现了人类居住的痕迹。因此，这里曾经很可能是陆地。

根据这一理论，在冰期结束以后，地中海的水位开始缓慢上升，直到距今大约7 500年。不断上涨的海水冲垮了大陆桥并越过高地，形成比今天的尼亚加拉瀑布还大200倍的汹涌急流。于是，湖泊周围的干旱盆地被海水填满，形成了黑海。这听起来也许有些牵强，然而，500万年前可能发生过一次类似的事件。当时，大西洋冲破直布罗陀海峡，重新注入地中海，而在此之前，地中海早已干涸，只留下一个皱缩的、含有大量盐分的残迹。

根据提出黑海洪水理论的两位科学家的说法，这一事件很可能是《创世记》中"挪亚洪水"典故的历史基础。他们说，像这样一场灾难一定会把沿海的居民驱赶到临近的陆地上去。他们随身带上这个故事，也许还会带上农业技术来促进最早的文明发展。但是，也有一些科学家并不认同这种观点，他们列出了这样的证据：黑海和地中海之间相互流动的现象在整个冰期都存在。至于哪一种观点更具合理性，还有待证明。

下图 今天，地中海和黑海通过博斯普鲁斯海峡连接起来。然而，它们中间那块狭长的地带有可能曾经形成了一道牢不可破的屏障，只是后来不断上涨的海水将这个大坝冲垮了。

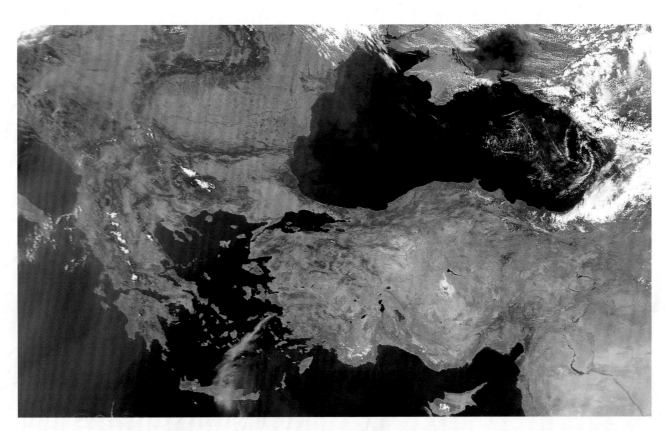

棱兰较高的中心地带的积雪区堆积，然后向外流动，滋养着不断向海洋滑行的沿海冰川。冰川终端处，巨大的冰块从主体中断裂开来，然后"轰隆"一声掉进水里，成为冰山。这一过程被称作"冰解"。格陵兰岛移动速度最快的冰川是西海岸的雅各布港冰川。它以每天 30 米的速度流入海洋，每年制造出大约 350 亿吨冰山，占格陵兰岛每年冰山产量的 1/10。

雅各布港冰川像一根长长的手指，从格陵兰冰盖起一直向西延伸 40 千米，穿过一条窄窄的冰峡湾，一直到达海洋。冰川口的北端坐落在伊卢利萨特小城中，这里居住着 4 500 人，是格陵兰岛的第三大居民区。它在格陵兰语中含有"冰山"的意思。每年约有 50 立方千米的冰山从这个规模不大的城市经过。巨大的塔状冰块在一起研磨、敲打、碰撞，最终挤过冰峡湾的窄口——"冰山巷"因此而得名，然后散落到海洋中。冰川移动是一幅令人震撼，同时也让人顿感渺小的画面。冰山在海面上漂浮，相互围绕着转动，仿佛跳着优美的舞蹈。然而，巨大的冰体却潜伏在水面以下。当这些巨大的冰体加快速度从冰峡湾挤出来的时候，它们之间会不停地相互推挤和碰撞。有些冰川由于体积太大而被卡到海床上，直到后面巨大的冰流量迫使它们继续前进。

逃离冰峡湾之后，冰山开始一段逐渐消融的旅程。洋流首先会携带冰山经过伊卢利萨特向北前进，随后又把它们卷回来，朝南部漂移，带它们穿过拉布拉多海，漂向北大西洋，在那里，它们跨越大西洋航

地球 行星的力量

右图 从这张卫星图片上，我们可以清楚地看到加拿大北极欧仁尼冰川前缘（左下角）碎裂的冰山。

第 200~201 页图 一艘轮船在南极洲格雷厄姆地冰川的映衬下显得很矮小。

线。一些较大的冰山会漂到南部，到达比英国和纽约更远的地方。最终，它们将在大西洋融化，并稀释那里的盐水。正如上一章所讲，流入北大西洋的淡水量增多会对全球的洋流产生影响，因此，更令人担忧的是，冰山巷的情况似乎正在发生变化。自1991年起，科学家就一直在通过卫星观测雅各布港冰川。研究结果表明，在过去的10年内，该冰川的流速翻了一番。流速的增长使海平面以每年0.06毫米的速度不断上升，这样一来，每年又会额外多出25立方千米的淡水来稀释海水。至于会带来怎样的后果，现在尚未明确。

冷循环

格陵兰冰盖并不仅仅包含冰。当雪落到地面时，空气就会被困在雪花之间的空隙里，而且，当雪渐渐变成冰川时，一些空气最终还会被困在里面，形成小气泡。实际上，这些气泡是大气的样本。经过成千上万年之后，这些样本逐渐沉入冰原深处。科学家在冰层上钻取一个很长的剖面，称作"冰芯"，然后把里面的气泡样本取出来，科学家就能看到大气随着时间推移而产生的变化。这些冰芯不仅能够提供一些让我们极其感兴趣的信息，例如氧气和二氧化碳等气体过去在大气中所占的比重，而且还能告诉我们地球温度是怎样变化的。

温度变化的线索源于水分子中的氧原子。本质上，少量氧原子的原子核中多了两个中子，使它们的质量变重，这些氧原子的变体或是同位素被称作"氧－18"，而通常质量较轻的原子被称作"氧－16"。由于质量较重，含有氧－18的水分子就需要更多的热量，以便能够蒸发，而且它们也更容易凝结。由于存在这

种差异，所以，冰层中两种同位素的比例可以被当作温度计来读取。气候变暖时，大量的氧－18从海洋中蒸发出去，因此，雨水和雪水中氧－18的比例也随之增加。冰芯中氧－18比例的变化非常清晰，因此，科学家甚至能够看到与夏季和冬季相对应的高峰和低谷。而且，通过这些数据往前推算，他们能够计算出冰的年龄。（有一种类似的技术，是以研究海洋生物残骸中的氧同位素为基础的，这些残骸被封存在海洋沉积物中。这种技术可以追溯比冰芯更久远的年代。）

在格陵兰岛，冰芯一直被钻取到基岩的位置，根据那里的冰芯层，我们可以往前推算11万年。在南极的俄罗斯沃斯托克考察站，冰盖被钻到3 350米的深度，这为我们提供了一个可追溯到42.6万年前的大气时间线。近些年，南极康科迪亚考察站展开了一项欧洲计划：所挖掘的冰层有90万年的历史。得益于此项计划，科学家已经建立了一份关于地球气候历史的详细记录，使我们更容易追踪火山爆发的冷却效应，或是将二氧化碳浓度与地球温度关联起来。令人吃惊的是，根据南极冰芯显示的迹象，目前的二氧化碳浓度达到了80万年以来的最高值。而且，一幅壮观而清晰的画面从气候变化中慢慢浮现出来，这些变化正是伴随最近的冰期而来的。

整个19世纪，由于地质科学的进步，人们在北半球的无冰区发现了隐藏的冰川痕迹。这些痕迹显然说明冰川在过去曾反复增长和消退过，而且冰期在地球上出现过多次，但导致这种情况的原因至今仍然是个谜。1842年，法国数学家约瑟夫·阿方斯·阿代马尔认为，地球围绕太阳公转的周期性变化很可能为我们提供了一种解释，但是阿代马尔并没有对他的理论进行完善，因此，他的观点一直很具争议性。直到20世纪30年代，塞尔维亚土木工程师米卢廷·米兰

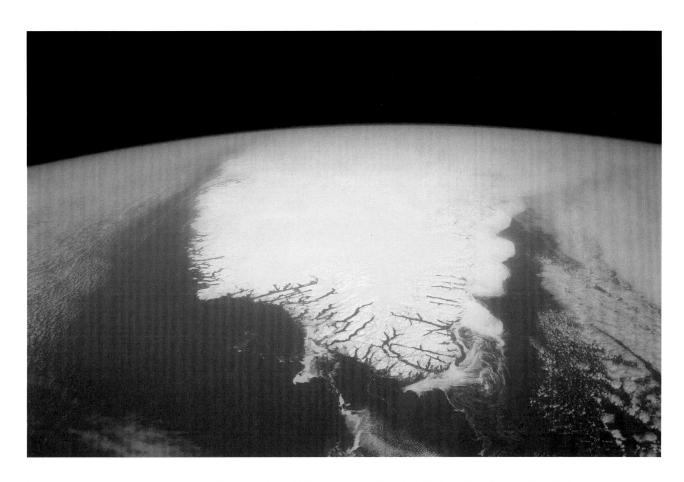

上图 格陵兰冰盖的冰占世界总冰量的 10%。它的重量把下方的基岩压到了海平面以下。

科维奇完成了阿代马尔想法背后复杂的数学运算。米兰科维奇发现，地球正在以某种方式在轨道上"摆动"，结果导致太阳到达地球的热量每 10 万年就会循环一次，这个时间跨度恰好和冰期出现的周期相吻合。

米兰科维奇所指的循环是由多种因素的共同作用引起的。首先，地球轨道并不是标准的圆形，它是一个椭圆，而且还不是一个固定的椭圆——它从接近标准圆形的形状变成越来越明显的椭圆（因为木星和土星的引力在不断变化）。现在，地球非常接近它最圆的轨道。其次，地球自转轴的倾斜度也会发生变化。

目前，地球偏离垂直方向的倾斜度约为 23.5°，但是，这个数字却会在 21.5° 到 24.5° 之间变化，周期是 4.1 万年，如此循环下去。最后，地球的自转轴本身也在缓慢旋转，每 2.6 万年绕着中心像轴倾斜的陀螺一样旋转。（米兰科维奇去世以后，人们发现了第四种因素：地球轨道的平面来回倾斜，每 7 万年循环一次。）根据数据统计的最终结果，这种细微的变化都是以 10 万年作为一个循环周期的。

地球上距离现在最近的寒冷期从 7 万年前持续到了 1 万年前，这就是"冰期"。提起这个时期，我们脑海中会立马浮现出尼安德特人、猛犸象、剑齿虎，以及法国南部拉斯科的洞窟壁画。但严格地讲，我们目前仍然处在一个冰期。至于尼安德特人灭亡的那个寒冷期只不过是这个冰期当中最为剧烈的一个阶段，

也是由米兰科维奇所确定的轨道节律引起的一次波动。我们目前生活的这个相对温暖的时期仅仅是一次短暂的间歇——一个"间冰期"。

地球历史上曾出现过至少四次大冰期，其中包括冰雪地球时代。最近一次大冰期开始于大约 4 000 万年前，冰盖开始将南极洲覆盖。过去 300 万年是最冷的时期，因为冰盖同样漫延到了北半球地区。而且出于某些不为人知的原因，在这 300 万年内，地球的气候似乎对轨道变化异常敏感，温度也因而出现了剧烈的浮动。越来越多的证据表明，这些温度的浮动可能会以惊人的速度进行。在上一章中我们得知，从

上图 从这张 17 世纪的版画中可以看出，在小冰期，冰冻的泰晤士河上经常出现冰冻集市。

右页图 在千年之交，南极的"拉森 B"冰架开始碎裂。

坎伯兰泥地中挖出来的史前步甲虫化石揭示了大约在 1.3 万年前，当北半球正在逐渐变暖的时候，再次陷入一个小规模冰期。冰芯中的温度信息表明，这次剧变有可能是在短短 10 年内发生的。这促使人们猜测：墨西哥湾流一定已经停了下来。但是，还有一个原因可以解释地球的气候为什么会容易出现不可预料的突

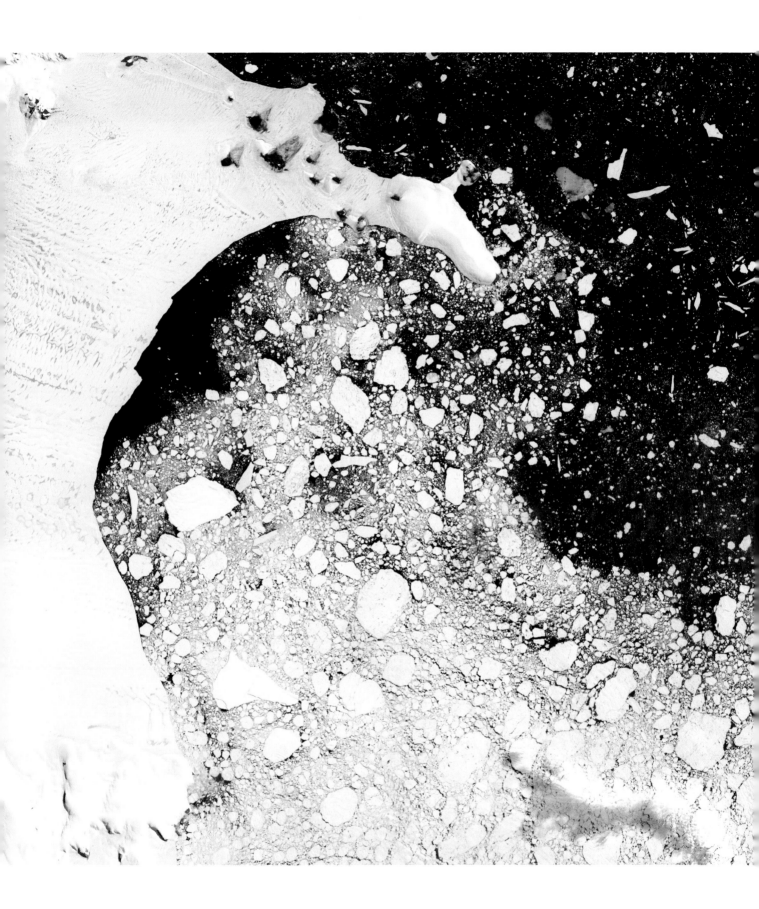

变，这和冰川本身有关。

当你抬头仰望新月时，在太阳的光照下，这把锋利的白色镰刀会显得非常突出。但是，当仔细观察的时候，你也许还能分辨出它那圆盘状的轮廓，在黑色夜空的映衬下，月亮上光线较暗的一面呈现出淡淡的灰色。浅灰色的光是"地球反照"，即阳光被地球反射到月球的黑暗面。地球表面的每一部分都会在一定程度上反射阳光，但是，没有哪个区域能像冰雪地区那样具备如此强的反射能力，能够把到达它们表面80%～90%的能量反射出去，其中包括能够传递热量的我们肉眼不可见的红外线。由于具备高强度的反射能力或是"反照率"，冰盖能够加强地球气候的变化。当气候变冷，

上图　用早期的照片来记录北半球冰川的迅速消退非常有说服力，例如前后对比1875年在奥地利帕斯特泽冰川拍摄的照片和2004年在原址（右页）上拍摄的照片。

冰盖向前推进时，它们扩大的区域将更多的热量反射回太空，从而使气候进一步变冷。这种正反馈循环使温度逐渐下降。反过来说，这个过程同样起作用：如果气候稍微变暖，比如由于一次火山爆发或轨道摆动，冰盖就会收缩，它所反射的太阳热量也会减少，从而使气候变暖，造成更多的冰川融化，等等。

这种反馈循环可能在引发地球大冰期的到来时发

挥着关键作用。当大陆构造阻挡了来自热带的海洋暖流，使它们不能向两极移动时，包括目前这次的冰川作用在内的主要冰川作用似乎就会发生。极地变冷之后，就会形成冰盖，接下来，不断扩大的冰层就会把太阳的热量反射出去，从而使地球变冷。不论这一说法是否正确，科学家都一定会担忧在全球变暖的情况下，地球上冰盖的变化很可能会带来严重的后果。随后我们将会看到，冰盖和冰川正在以令人不安的速度发生着变化。

在过去几百万年内，极地冰盖的增长和消退对全球都产生了影响。实际上，人类的起源和进化可能是由冰期推动而来的。当冰盖增长时，大量的水被封锁在极地，导致热带地区的气候干燥。东非的气候则变得更加变化无常，使当地的野生动物生存压力剧增，只有适应能力最强的物种才能够幸存下来。大约 300 万年前，当北半球冰盖逐渐形成的时候，人类祖先就开始使用最早的粗石器。大约 180 万年前，地球又一次迎来了寒冷期，第一个可识别的人类——直立人从非洲迁徙出来，然后开始遍布亚洲。在更近一些的时代，冰川和人类历史之间的联系会更加清晰。在 70 万年的时间里，人类的祖先不断地移居到欧洲，并且根据冰川的变化情况前进或者后退。大约 1 万年前，最后一次冰川消退之后，埃及和中东地区的气候发生了变化，这促使人们放弃狩猎采集的生活方式，定居在像尼罗河、底格里斯河和幼发拉底河这样的大河流域，这些地方也成为最早的农业文明的发源地。

冰川融化

冰期的冰川消退以后，地球气候进入了一个稳定阶段，除了在 16 世纪至 19 世纪期间依然存在一段特殊的寒冷期——"小冰期"。当时，人们可以在泰晤士河的冰面上举行冰冻集市，英吉利海峡的部分区域海洋被冰封起来。但目前的气候显然又再次发生了变化。全球温度正在迅速上升，而最明显的气候变化迹象可以在冰川上看到。

全球的冰川都在逐渐消退。一个多世纪以来，人们拍摄或者画出了许多阿尔卑斯山脉冰川的照片或图像，以便能够更加容易地进行前后对比，来了解冰川消退的具体情况。以阿尔卑斯山的"冰海"冰川为例，它曾经延伸到沙莫尼小镇，而今天，它那巍峨的山顶几乎消失了，在地面上几乎看不见。有些滑雪者在出发前会在网上看看网友们用雪场摄像头拍下的景色，他们也渐渐适应了滑雪道附近令人沮丧的景色，那里长满了绿草，或是布满了棕黄色的泥浆。卫星图像证明，这一趋势是全球性的：从太空中看到的冰川几乎都在消退。

地球上最典型的冰川变化发生在南极。"拉森 B"冰架是一个厚度约为 200 米的巨大冰层，它矗立在南极半岛的海面上，巨大的体积是由不断漂流的冰川冰补给的。自冰期以来，"拉森 B"冰架一直处于稳定状态，但在 2002 年 1 月至 3 月间，面积为 3 250 平方千米的"拉森 B"冰架解体了，它的面积大致相当于英国康沃尔的面积，或者和美国的罗得岛差不多大。由于冰架已经漂浮在海洋上，所以，它的融化对海平面并没有产生影响。然而，它的存在阻挡了其背后的冰川，有证据表明，冰川的流速已经开始加快了，这促使南极冰盖以更快的速度滑向海洋。

至于世界上最大的冰盖会对全球变暖做出怎样的回应，至今仍然未知，这条线索可能会在格陵兰岛上找寻到。在格陵兰冰盖上，每到夏天，在阳光 24 小时不间断地照射下，融水越积越多，于是，它们开始在冰盖表面流动，不断寻找着裂口和缝隙，然后沿着阻力最小的入口下滑，在冰层下面融开一条通道。渐渐地，裂缝越变越宽，直到成为一条槽沟。同时，从冰川上流下的涓涓细流聚集起来，形成了急流，然后成为冰蓝色的瀑布。它们向槽沟倾泻，在冰盖以下更深的地方开凿出一条通道。这些奇特而美丽的瀑布侵蚀带被称作"冰川瓯穴"，它们的冰下通道能够延伸数千米，一直蜿蜒到冰川底部。倘若人掉进一个瓯穴，是没有办法出来的，除非几百年以后冰川把他推入海洋。但是水又将流向哪里？

大量冰融水有可能最终流入冰盖底部纵横交错的水道和通道，这些水布满冰盖底部，并对流出的冰川起到润滑作用。与 10 年前相比，科学家发现，现在格陵兰岛有更多的冰川瓯穴。如果瓯穴的数量继续增加，就可以解释全球定位卫星所发现的冰川流速加快这一现象了。然而，最令人担忧的是，所有这些起润滑作用的融水很可能会使整个冰盖向海洋滑动，从而产生灾难性的影响。

全球变暖最明显的迹象或许是北极海冰的快速消退。在南极，冰川紧紧地卧在南极洲大陆坚实的地基上，使暖流无法到达这里，但在北极，漂浮在海面上的冰川更易融化。北极海冰的范围每年都会出现浮动。冬天因海面结冰，海冰范围变大；到了夏天，它的范围又重新缩小。但是从长期来看，海冰一直在

上图　北极海冰的消退，使危险的西北和东北航道变成了海员们的航海航道。卫星图像显示了从 1979 年（左）到 2005 年（右）冰川消退的情况。

发生变化。2005 年夏季的海冰面积比 1985 年减少了 20%，而且，潜艇的粗略测量数据表明，海冰的厚度也在逐渐变薄。随着海冰面积的减小，北冰洋地区的反照率将会降低，太阳热量将直接到达海面。海面没有遮挡物，海水在吸收热量之后，能使海洋在夏天结束后长时间保持较高的温度，这反过来又减少了冬天冰的积聚。这是一个典型的正反馈循环。2000 年，北极点出现了人类记忆中第一次没有结冰的状况。

　　找到一条可以贯通西北航道的路线，即能够穿过加拿大北极地区冰封的海路，几个世纪以来，一直是很多欧洲探险者的梦想。一条从大西洋通往太平洋的捷径将会缩短去往香料群岛的危险航程，这样做既可以节省很多时间，又可以挽救许多生命。然而，浮冰却挡住了道路，许多勇敢的水手竭尽全力试图穿越这个地带，可是他们的船却被浮冰紧紧包围，最终导致他们丧命。1906 年，挪威探险家罗阿尔·阿蒙森突破了这块危险地带。他乘上加固过的鲱鱼船，开始了

穿越浮冰的探险之旅。这段旅程持续了 3 年。对这艘既小又顽强的破冰船和仅有 6 人组成的勇敢水手队而言，这次探险是一次英雄壮举。然而，在一个世纪以后的新千年伊始，人们又一次开始了同样的旅行。这一次，船员遇到的不是巨大的浮冰，而只是一些单独的浮冰块和偶尔出现的冰山。终于，在 2005 年夏季，消息传来，西伯利亚海岸附近的东北航道也已开通。同时，来自美国国家航空航天局的卫星图像清楚地展示了这样一个事实：在俄罗斯和消退的极地冰川之间，有一片清澈湛蓝的海域。冰川变化的迹象已不再隐藏于科学数据中，它们就在我们眼前，就在我们都能看到的地方。

反 弹

冰川融化会对地球产生惊人的影响，然而，它的威力尚未全部展现。在瑞典的最北部，有一片广阔而平坦的岩质山地笔直地横跨这片土地。它是这里最显著的特征，这里就是"帕沃断层"。虽然断层只有10米高，但它实际上能径直延伸150千米，这意味着它只有可能是在一次地震中形成的。凭借裂缝的高度，地质学家就能猜测到这次地震应该达到里氏8.2级左右。

地震的强度相当大，然而，最特别的地方在于这个地区并不在板块交会处，而且，它以前也不在这个范围内。因为这里不是地震带，帕沃断层理应不存在，但事实却并非如此。要寻找其中的答案，就必须追溯到冰期。在上一次冰川作用达到顶峰期时，这里覆盖着厚达3千米左右的冰盖。这代表着每平方米的面积上要承受大约3 000吨的重压，相当于多了一层地壳。由于冰

层的重量巨大，真正的地壳被压陷了。但是，当冰层融化的时候，地壳就会向上反弹，继而引发了大地震（在地质时间尺度上，这实际上是在一夜之间发生的）。这一现象被称作"地壳均衡反弹"。随着全球温度的上升，格陵兰岛和南极洲将会在未来几年迎来这种现象。

下图 在瑞典的帕沃断层，陡峭的崖壁有10米高。按理说，那里不应该出现地震断层。

第六章

地　球

地球是一颗神奇的星球，它千变万化，遍布非凡的自然美景。我们对于这个奇妙的世界十分熟悉，然而，对于塑造它的基本力量，我们人类却无法掌控：剧烈的撞击促成了地球的诞生；内部的热动力使地球表面永不停息地运动；薄薄的大气层给我们提供保护与热量；快速旋流的海水携带着暖流和营养物质绕地球运行；时不时出现的冰原也搅动着一切。地球这台机器上安装着神奇的齿轮，而这些齿轮之间又有另一种基本力量在发挥作用。这种力量源于地球自身，但它后来与这颗星球之间建立了一种独特的伙伴关系。这就是我们的星球所拥有的真正的生命力：生命自身。

生命使地球变得与众不同。当然，这里所指的生命并不是古老的生命形式，而是高级的、充满智慧和知觉的生命形式。太阳系里的其他星球上是否存在类似于地球上那些能忍受极端环境的简单单细胞微生物，仍有待观察，但相对于我们这个角落里的宇宙邻居而言，毫无疑问，地球是唯一存在复杂生命形式（拥有组织和器官的多细胞生物）的星球。如果说宇宙大得让人难以想象，那么，关于其他星球上一定存在复杂生命的设想似乎也就合情合理了。

太阳系以外的某个地方一定隐藏着和地球一样的其他行星，而且里面还蕴含着丰富的生物体。可以肯定的是，有许多行星正在绕其他恒星运行，而且宇宙中有许多恒星。30 年前，著名的天文学家卡尔·萨根根据一些银河系的确凿事实和数据，推测出仅在银河系的范围内，先进的外星文明就有可能多达 100 万个，而银河系仅仅是宇宙中 1 000 多亿个星系中的一员。

请注意，虽然我们至今还没有找到它们，但并不意味着我们没有在找。自人类开始凝望恒星以来，我们就一直在天空中找寻着拥有智慧生命的迹象。当然，这有可能因为我们寻找的时间不够长，或者地点不对，但也不排除另一种可能：或许那里确实没有任何东西。人们曾经认为地球在宇宙中是孤独的，对此，地质学家彼得·沃德和天文学家

左页图　人类最熟悉的地球。是什么使这个被岩层包裹的金属球成为生命的家园呢？你在思考这个问题的时候，就会开始感觉宇宙看起来像一个非常孤独的地方。

唐布朗利提出了一个现代术语——地球殊异假说。他们提出这一理论的核心是为了使人们明白，地球在变成宜居星球的过程中，需要有一系列令人难以置信、似乎不大可能的巧合与机遇发生。要想了解我们的星球具备哪些极为与众不同的特点，就有必要回顾一下它在发展历史上曾经历了哪些决定性时刻。

怎样构建一颗宜居星球

地球诞生在太空中最合适的位置。要是像金星或水星那样更靠近太阳，地球上的生命就会因为温度过高而陷入无法维持液态水的地狱中。要是像火星那样距离太阳更远一些，又会因温度太低而没有液态水。在太空中，只有一个刚刚合适的狭窄地带，而地球的首个幸运之处就是出生在这个带状区域的正中间。我们幸运地坐落在这个被称为宜居区的舒适地带中，在最恰当的位置沐浴着温暖的阳光。因为太阳的大小恰到好处，所以它能够在相当长的时期内以一种非常稳定的速度释放能量，为生命提供充足的发展时间。此外，木星的形成也是一个幸运的巧合。这颗巨行星以其强大的引力场将撞向地球的致命天体拖离地球轨道，使地球安然无恙。假如木星的体积比实际小一些，或者离地球的距离更远一些，那么地球会更频繁地遭受因剧烈撞击而带来的破坏，即使生命成功地起步发展，被扼杀的可能性也会很大。于是，地球和它的孪生星球"忒伊亚"之间的撞击就成了巧合，这颗行星的残骸则伴随我们一起旅行。月球稳定的引力使地球飘忽不定的倾斜度变得稳定下来，它还使气候保持在一个舒适的范围内，并创造了我们所熟悉的季节和潮汐的规律。

"忒伊亚"将其内核遗赠给了年幼的地球。这份

附加质量使地球变得足够大，并将厚厚的大气吸住，进而在表面形成了温室层，把太阳的热量困在里面。大气是水分的源泉。火星或者金星的表面曾经有可能都含有液态水，但只有地球是太阳系行星中唯一一颗长期拥有海水的星球。据我们所知，太阳系中再也没有其他星球拥有哪怕一个水坑，而地球已经把它那浩瀚无边的海洋保存了40多亿年。放眼望去，好像自诞生以来地球就几乎没有改变过，这的确让人十分惊叹。正是这种使水持续保持液态形式的能力，才使地球成为生命的方舟。

地球和太阳之间的距离恰到好处，但是仅凭这一点，早期的地球并不能避免水分要么蒸发到太空，要么冻结成冰的情况，因此，地球必须有一个气候控制系统。但是，要保证该系统正常运行，还须具备另一个独一无二的特征：板块构造。在遥远的过去，与我们毗邻的星球的地壳可能移动过，但在过去大约10亿年内，它们的表面却一直处于停滞状态，基本上静止不动。火山在太阳系中是十分普遍的，但是，没有任何行星能像地球这样有独特的线性山脉，将移位或破裂的外壳缝合上。或许，这仅仅是因为其他星球失去了水分。在年轻的地球上，海水渗入地壳，使易脆的岩层变弱或变软，直至弯曲和破裂。热量从地球深处涌上来，把脆弱的地壳分裂成许多碎片。这些碎片开始移动，互相碰撞，变得扭曲。于是，地球的皮肤成了一个破坏和再生的传送带。移动的板块为地球内部压抑已久的热量提供了一个排放口，于是，地球内部深处的对流就会被加强，因此

右页图 位于新墨西哥的"甚大天线阵"(VLA)射电望远镜已成为科学探索外星生命的一个组成部分，尽管至今尚未有任何发现。

地核内的热量就会被更多地释放出来。目前，地球的对流引擎正在健康地运转着，实际上，它所具有的强大功能足以使这颗星球形成磁场。这反过来又会给地球罩上一层保护外壳，使地球表面免遭宇宙辐射，并减少大气层中的气体向太空流失。

在水和板块漂移的共同作用下，从海洋中突起的大陆形成了，从而使地球的气候调控得以实现。当湿润的海洋板块被压入地幔时，最早的大陆便诞生了。地幔中的水和熔岩结合在一起，形成一种更易漂浮的岩石：花岗岩。花岗岩大陆一旦漂浮在海浪上方，就会开始风化，释放出的矿物质使酸性海水中和，渐渐使海水适宜生命生存。当风化作用开始发生，大气中的二氧化碳必然也会减少。如今，地球恒温器开始在全球范围内起作用，它使地球温度稳定在一个合适的水平，恰好能够让水保持液态。

只要其中一项出现偏差，一切就都不会顺利运转。假如地球的体积更小一些，就不会产生足够的重力来吸引厚厚的大气层，也就不会产生强大的温室效应了；相应地，假如地球表面的温度过低，液态水也不会存在；假如没有水，漂移的板块就会停止；假如地球更大一些，大气层就会变得太厚，气候也会异常炎热。水量也必须刚刚合适。如果水太少，地球上将会到处都是大陆，风化作用会使大量的二氧化碳从大气层中损失，从而使这颗星球冻结；如果水太多，大陆就会被淹没，风化也就不可能发生。不论是哪种情况，如果温度没有得到控制，那么，地球上的水不是蒸发到太空就是冻结成冰。

创造一个适合生命生存的星球，居然需要一系列如此复杂并且不大可能的连环事件，这确实是难以想象的。地球必须有合适的尺寸，与太阳之间的距离必须恰到好处，而且，太阳也必须是一颗合适的星球。

同时，还需要合适的撞击促使形成的月球处于稳定状态，还有来自其他行星的保护，以及来自太空的适量的水。除此之外，它还需要一组合适的构建材料，使板块运动发挥作用的适度热量，以及有助于大气层和海洋中的生命生长的化学物质。总之，创造一颗能够孕育生命的星球的确是一项了不起的成就。当然，这里所说的生命不只是构造简单的黏液细菌。的确，像地球这样的一颗星球可能非常罕见。

但是，仅仅将宇宙间的巧合与行星的机遇结合在一起，并不能使我们的星球如此独特。地球还需进一步进行自我优化，这就是说，地球与地球居民以一种不同寻常的方式建立起了伙伴关系。

大地母亲

20 世纪 60 年代，英国科学家詹姆斯·洛夫洛克在"海盗"号项目组担任顾问一职。当时，美国国家航空航天局计划在未来 10 年内发射"海盗"号航天器，探测火星上的生命。早在"海盗"号登陆器着陆后开始分析暗红色的火星土壤之前，洛夫洛克就意识到，还可以用另一种方法来探测遥远星球上的生命。这种方法不需要发射航天器，只需要人们找出这颗星球的大气成分，而这项工作可以通过望远镜捕获的光来分析完成。在一颗没有生命的星球上，大气层是由惰性气体混合在一起组成的，而这些气体是在所有可能发生的化学反应终止以后留下来的。例如，在金星和火星的大气层中，一切有可能发生反应的元素都已经发生了反应。而一个充满生命力的世界所含有的化学成分是截然不同的：有机体会使生命所需的元素不断循环，它们用大气作为传送带，从周围的环境中吸收某些化学物质，同时将其他化学物质排出体外。这就赋

| 上图　英国科学家詹姆斯·洛夫洛克。他在"盖亚假说"中提出了一个颇有争议的观点：地球是一个生命有机体。

予了大气层一种极不可能的化学特征——没有生命就无法维持的化学特征。我们在地球上呼吸的空气是一种由氧气和氮气组成的异常混合物，还包括少量二氧化碳、甲烷和其他气体。氧气理应与甲烷和氮气发生反应并消失，然而，这几个性情不稳定的"伙伴"却能和谐共处。这像是一场互惠的"婚姻"，因为生命持续循环使得这种关系成为可能。

在洛夫洛克看来，有机体具有调节环境的能力。在接下来的几十年内，他的这一想法演变成了一种对于我们地球是如何运行的大胆、前卫又包罗万象的想象。这一想象的核心理念就是"体内平衡"。"体内平衡"是一个医学术语，用来描述一个健康机体不管外界环境如何变化，都能将温度、水平衡和许多其他变量自动保持在接近最佳水平的状态。洛夫洛克认为，

地球的环境与体内平衡机制非常相似，是由生命来保持温度和大气成分稳定的。地球上的有机体及其所创造的环境组成了一个独立的、自我调节的实体，它使地球保持在一种舒适的状态，以适合生命繁衍。"地球上最大的有机体就是地球本身"，这种启发性的思想需要一个与之相配的名称，于是，洛夫洛克以希腊神话中大地女神的名字为它命名：盖亚。

近 40 亿年来，虽然太阳温度变得越来越高，可怕的环境危机也变化不定，但是，地球几乎从未离开过维持生命所需的狭窄范围。地球的平均温度一直保持在 0℃ 至 100℃；磷、氮和硫等化学物质的浓度一直保持适中；有毒物质得到抑制；海水盐度从未超出生命可承受的范围；氧气含量也保持在生命能够承受的水平；最关键的是，地球上一直有充足的水。对洛

夫洛克来讲，这个由生命和环境编织而成的复杂网络——"盖亚"，一直在充当着地球的"管家"。

很多地质学家认为地球是一个自我调节的超级有机体的观点过于极端，但他们大部分都能接受洛夫洛克思想的核心内容，即生命并不只是栖居在地球上，还是地球运转的基础。生物过程与物理和化学过程之间相互作用，从而对行星环境产生巨大影响。例如，生命保证板块构造在我们的星球上从来没有停止过，而板块构造对地球的宜居性至关重要。如海洋生物将二氧化碳吸入体内，等到死亡的时候，它们就会连同体内的碳元素被封锁在石灰岩海底，以确保大气层这个"保温毯"内不会过于闷热，而且，使板块的移动顺利运行的水仍然存在。假如没有生命作为中间人，全球碳循环就会发生故障，气候也会失去控制，地球将变得不适合生命生存。

于是，在经过了数亿年甚至数十亿年之后，生命对气候进行了微调，使其对自己有利。但这里也存在一个问题，即生命可能过于擅长控制环境了，从长远来看，维系生命的过程很可能成为开始让生命走向毁灭的过程。而地球生命的终止，似乎已经开始了。

世界末日

目前，人类正生活在人为造成的短期全球变暖中。这听起来似乎是地球微妙平衡的气候结束的开始，但事实上，这颗星球长期以来一直在衰退。地球很古老。40 亿年来，地球一直是一个有生命的行星，但是，它的黄金时代已经过去了，衰退期已经开始，这种衰退将会对人类产生深远的影响。即便我们尽最大的（或者是最坏的？）努力来改变气候，也只能延缓即将到来的不幸发生。因为从长远来看，困扰人类

的并不是气温升高，而是气候变冷。正如我们在上一章所看到的，目前地球仍然处于冰期，即使在这个短暂又温暖的间歇期内，人类文明也获得了繁荣。人为造成的全球变暖很可能使这样的"小阳春"天气延长几千年，但是，在不久之后冰期肯定会到来，到那时，人为造成的变暖时期就会以残酷的方式结束。

冰期的重新来临将不会对生命本身造成威胁，毕竟，生命在经历多次冰期之后依然存活了下来。但是，如果文明继续存在，那么它将会面临维持自身生存的巨大挑战，因为全球的农业生产力将会大幅下降。上次冰期全球人口为 200 万 ~ 300 万，待到下一个冰期来临的时候，这个数字有可能达到 1 000 亿。人类很可能会在不可避免的饥荒和战争中顽强地活下来，但是人口数量将大幅减少。如果人类存活得足够久，将会目睹冰川的消退，这样的过程可能还会反复出现 50 次左右。

未来 200 万 ~ 1 000 万年间，板块运动将会使地球摆脱冰川的束缚，因此，冰期终将让位给一个再生时期。随着北半球大陆的南移，可形成冰川覆盖的陆地将会减少，而且，南极洲将北移，融化的冰将会使海平面上升大约 100 米。全球温度将会升高，生命也将迎来大繁荣，但这些都只是暂时的。因为在地平线上，暴风云正在聚集，而且令人惊讶的是，我们已经开始感受到第一滴雨点的落下。

问题在于我们今天所熟悉的气体：二氧化碳。但问题可能出乎意料，因为，未来世界的问题是二氧化碳的含量太少，而不是过多。几亿年来，随着地质过程越来越有效地将碳封锁在岩层中，这种温室气体的含量一直在下降，结果是气候逐渐变冷，并在 200 万年前的冰期达到顶峰。虽然未来的板块运动将会使我们远离冰川，但对二氧化碳的减少却几乎无能为力。

上图　草地的全球扩张是地球对抗二氧化碳浓度下降所做出的最后一次尝试，但它能拯救地球吗？

生命本身也负有一定的责任。大约在 6 亿年前，当复杂的生命形式开始出现时，二氧化碳的浓度就远远高于现在，而且还在上升。大约在 4 亿年前，二氧化碳浓度达到顶峰，当时，大气中的二氧化碳含量是现在的 20 倍。早在人类开始干预自然以前，这颗星球就面临着严重的全球变暖问题。面对这种挑战，生命发展出一种惊人的应对机制——陆地上的植物实现了进化。它们在大陆上蔓延开来，从稀疏的苔藓进化成长满参天大树的茂盛森

林，它们从大气中吸收了越来越多的二氧化碳，并将其储存在土壤中。大量碳元素被封存在腐烂的植物中，然后变成煤（从煤中释放的碳成为现代全球变暖的燃料）。森林也加速了陆地的风化，将岩石中的矿物质释放出来，从而促进了海洋浮游生物的生长。它们从空气中吸收了更多的二氧化碳并将其封存在石灰岩中。最终，植物的成功却引发了相反的问题：二氧化碳浓度不断下降，气候也逐渐变冷。于是，这颗星球找到了一个权宜之计——草地。

4 000 万年前，草地在全球的扩张，代表了地球在面对二氧化碳消耗时做出的最后一搏。草在二氧化碳日益减少的情况下茁壮成长，随着冰期的开始，地球变得更冷、更干燥，草地向新的区域扩张。但是随

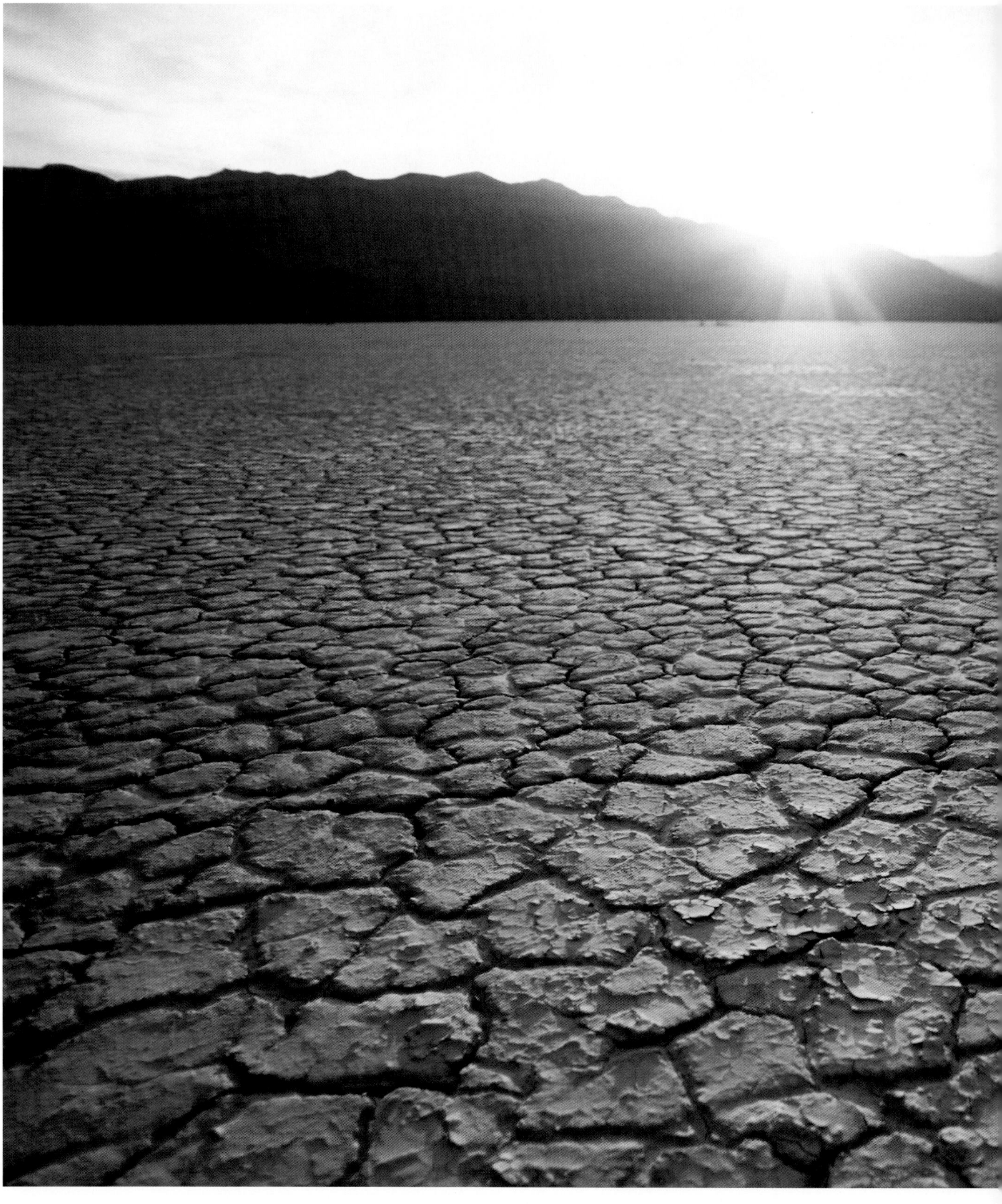

着时间的推移，也许是未来数亿年以后，二氧化碳浓度将会下降到临界点以下，到那时，即便是顽强的野草也将难以生存。植物将会消失，地球将成为一片布满岩石和沙砾的荒野，还有大面积纵横交错的河流。河岸失去树根的束缚，将陆地上的土壤剥离并冲刷进海洋中。一旦土地变得贫瘠，流入海洋的营养物质就会减少，海洋也会遭受饥荒。随着海洋浮游生物和陆地植物的减少，地球之肺将会衰竭，氧气含量也将急剧下降。这是最后的引爆点，在这一刻，生命失去了对地球机能作用的控制，地球的生命维持系统开始关闭。植物对氧气的产生至关重要，在植物灭亡几千万年后，大气中氧气的比例将低于 1%，而在今天，这个比例达到了 21%。任何动物都会窒息而死，臭氧层会消失，高频紫外线将会使这颗星球变成不毛之地。

作为生命的栖居地，地球现在很可能是处在中年阶段的后期，或者很可能处在老年阶段。我们当前的"动物时代"将是最后一次狂欢，是生命历史轨迹的最高点，也是地球生态复杂性的顶峰。它的结束标志着地球上的生命将开始不断简化。随着时间的推移，复杂动植物的化石将会被一系列更为简单的有机体覆盖，这个世界的生命系统将一个接一个地消亡。一连串令人目眩的进化过程将会出现生态混乱，各种生命就好像在"泰坦尼克"号的甲板上抱头鼠窜，试图穿上进化这个救生衣，但却无济于事。生命将退到深海，但即使如此，也无法挽救地球居民免遭不可避免的命运。

大约 10 亿年后，太阳的亮度比现在高 10%，全

左图　加利福尼亚州"死亡谷"炽热干裂的地面，是不适宜生命存在的极端环境之一。在遥远的未来，这种环境将会重现。

球平均气温将接近 70℃。海水将会蒸发到大气中，留下各种色彩的腐烂盐水池，它们将零散分布在广阔的盐平原上。唯一剩下的生物将是嗜盐细菌——生活在盐中的微小水包裹体中的微生物。细菌将再次独占世界，生命进化循环又回到了初始点。

海洋的消失将是生命灭绝的最重要一步，它将导致温室效应失控和全球温度骤升。嗜极细菌在滚烫的火山泉中有着惊人的繁衍能力，但是它们也无法忍受即将到来的极端高温。生命的基本化学过程无法在 112℃ 以上进行，而当海洋消失以后，地球将会成为金星的复制品。金星表面的温度高达 450℃，足以使铅熔化。

要是没有水，地壳将会丧失弹性，板块运动也将停止。就像人的心脏停止跳动那样，板块构造的停止将会产生永久的影响。线性山脉将停止形成，大洋盆地将被大陆侵蚀的沉积物填满，地球将会变得更加扁平。地壳厚度也将增大，就像金星或火星那样，热量会在地下积聚。然后，整个地壳偶尔会熔化，地球被锻造成一个新的地狱，使生命销声匿迹。

在成为一片炙热的荒漠之后，随着老化的太阳燃烧得越来越猛烈，地球还将继续升温。在过去 40 亿年内，太阳释放出的热量增加了 30%，而且，这种上升趋势还将持续，直到地球完全被消耗殆尽。大约 50 亿年以后，当太阳的氢燃料耗尽后，太阳将会膨胀成一颗红巨星。从地球上观看这一幕，就会看到太阳完全占据了白天的天空。太阳的辐射将会比现在强 2 000 倍，地球表面的温度也随之升高到 2 000℃ 以上——这一温度足以使山脉熔化，并使整个地球变平。

对地球而言，这的确是个灾难性的结局。当太阳爆发时，它的大气层将会对月球产生引力，迫使月球向轨道内侧盘旋并与地球相撞。而在数十亿年前，使

月球诞生的行星正是地球。不断膨胀的太阳的亮度将是今天的 6 000 倍，其直径将会变得和地球轨道的直径一样大。最终，地球将不复存在。

值得庆幸的是，在未来大约 70 亿年[①]内这些都不会发生。与此同时，我们人类还要处理一些更紧迫的事情。

第六次灭绝

如果你怀疑人类对地球的影响有多大，那么就从太空看看地球吧。每逢夜晚，电灯构成的数百万个精确的点，标志着人类对地球的征服，明亮的灯光覆盖了欧洲、日本和北美洲东部。实际上，我们的领地范围延伸得更远，以至地球上没有一个角落，即使是冰雪覆盖的极地荒漠也不能摆脱我们的影响，也从来没有任何一个物种能够如此彻底地控制地球。

讽刺的是，正当我们开始了解生命对地球的运作是多么重要的时候，我们却在破坏生物多样性，而正是这种多样性使地球成为一个特殊的，或者说独一无二的星球。30%~50% 的地球陆地表面因人类的开发而改变和退化，造成自然栖息地的惊人损失。根据世界自然保护联盟发布的声明，目前约有 1.6 万种生物濒临灭绝，其中包括 1/4 的哺乳动物、1/3 的两栖动物和 1/8 的鸟类。在过去的 500 年里，人类活动造成了 800 多种生物灭绝，但是，真实情况远比这个数据还要糟糕。全球有 1 300 万~ 1 400 万种生物，但仅

① 根据美国航空航天局官网的一篇文章，太阳未来还有 50 亿年的寿命，之后便成为红巨星。资料来源：How Old is the Sun, https://spaceplace.nasa.gov/sun-age/en/#:~:text=Stars%20like%20our%20Sun%20burn,five%20billion—years%20to%20go。——编者注

上图 亚马孙雨林曾经布满了健康的植被，看上去就像一片广阔的红色地毯，如今却因为乱砍滥伐而面目全非。在玻利维亚，伐木工开辟了几条通往森林深处的小路；为了畜牧，牧场主需要清空大量树木；村庄的田地和农场也开发出了放射状的农田。

有 175 万种左右被发现，而那些尚未被发现的物种可能正以每周上百种的速度从地球上消失。早在 1993 年，哈佛大学生物学家爱德华·O. 威尔逊就估计，每年约有 3 万种生物从地球上消失，相当于每小时就有 3 种生物灭绝。照这样的速度，到 21 世纪中叶，全世界将会有一半物种消失。

生物学家把这种现象称作"第六次灭绝"。就像前面介绍的那样，在地球的历史上，至少有五次由于某种灾难将地球上的生命推向崩溃的边缘，造成大部分物种消亡。化石中密密麻麻地记录了很多不那么严重的灾难，也造成了大量动物和植物一起灭亡。当然，作为进化更替的自然组成部分，物种一直在来来去去，而大多数曾经存在过的物种现在都灭绝了。根据从地球岩石中精心收集的化石记录，地质学家估计大约每 4 年就会有一种生物从地球上消失，这是令人惊讶的灭绝频率。即使是大批量的灭绝，也可以被看作是自然秩序的一部分。有些地质学家认为，偶尔大量涌出的熔岩、小行星撞击或是海洋中毒，都会按下进化的重置按钮，清空生命的存储，以便让新的生态机会主义者凤凰涅槃般从宇宙或火山灰中升起。

因此，乍看之下，大规模灭绝似乎是行星生命繁荣的一个重要组成部分，然而，令许多生物学家担忧的是，与以往相比，人类今天所造成的生物多样性减少有可能正在以更快的速度发生。如果每年确实有3万种生物消失，那么，目前灭绝的频率是正常水平的12万倍。更保守地估计，目前生物多样性减少的速度比人类出现前快了100～1 000倍。更重要的是，有些地质学家认为，与以往五次大规模的灭绝相比，物种正在以更快的速度消失。看来人类的破坏性力量正逐渐与小行星撞击和超级火山喷发相匹敌。人类正在向地球的应对机制发出前所未有的挑战。

在人类与自然的斗争中，森林处在最前线。为了拥有更多的农业耕作空间和可居住空间，人们大量砍伐林地，使自然栖息地不断减少，从而导致越来越多的物种灭绝。当然，人类几千年来一直在砍伐森林，但直到人口呈指数增长的时代，栖息地的丧失才成为物种灭绝的主要原因。物种消失并不是森林砍伐带来的唯一问题。森林是碳的天然贮藏室，在清除大气中的二氧化碳方面发挥着重要的作用。虽然森林大规模毁坏的全部含义尚未明确，但有一点是肯定的：人类正在毁坏大气恒温器的一个重要部分——地球上最精细的生命维持系统之一。渐渐地，陆地上发生的现象也开始出现在海洋中了。

长期以来，地球上的海洋没有受到人类严重的过度开发，然而，这种状况正在开始改变。在20世纪，机械化捕鱼使全世界渔产的年捕获量从500万吨增加到了9 000万吨。目前，我们人类主导着海洋食物链，我们所消耗的食物数量在海洋生态系统初级生产力中的比例分别为：在海洋上升流区域超过25%，在温带大陆架区域为35%。在很多地区，那些曾经大量繁殖的物种现在已经变得十分稀少，或者完全消失了。几千年来，我们一直把海洋当作垃圾场，但是现在，它清除垃圾和污染的能力似乎开始变得有限。自工业革命以来，人类所排放的二氧化碳中有1/3（有些人认为可能是一半）被海水吸收，但是，自然过程正在努力跟上人类排放二氧化碳的速度，结果，海水的酸性不断增强，地球另一个关键性的自我调节机制正在遭到攻击。

如果考虑到所有的情况，我们星球的未来看起来非常暗淡了。地球也许是幸运诞生的，也许是与生命相结合来延续自身，但我们并不是最初设计的一部分。这是第一次有一个物种能任意地改变地球，同时也在对地球的各个系统进行干扰。海洋和森林很可能在竭尽全力地消除人类排放的二氧化碳，但是人类的行为已使它们不堪重负。人类正以极快的速度排放污染，它们跟不上人类的排放速度。当我们把微妙而平衡的大气层毁坏之后，谁知道紧接着会发生什么呢？但是，人类似乎很可能会摧毁将我们的星球联系在一起的基本纽带。对这颗曾经养育我们的美丽星球而言，我们是否已对它构成一种致命的威胁？也许还没有。但只需回到上次大灭绝的发生地点——在那次事件中，恐龙灭绝了，随后，给了我们哺乳动物祖先接管地球的机会——就能从一个完全不同的角度来看待地球所面临的危险了。

濒死体验

墨西哥的尤卡坦半岛上有一片低矮的灌木林。在这里，无论走到哪里，你都会发现地面上有一些奇怪的洞。这些洞被称作"天然井"。实际上这里大约有数百个天然井，其中大多数从未被勘测过。有些天然井中充满了水——在葱郁的森林中形成了坑坑洼洼的环形湖泊，但有些仅仅是狭窄的、裂开的入口，通往更深的地下水位和被水淹没的奇异的地下世界。在这里，支持着整个尤卡坦地区的石灰岩形成的时间相对较短，而且这里还是地球上最广泛的洞穴系统之一。随着潜水员不断深入地探索这个迷宫般的、被水浸没的岩洞，他们渐渐发现了许多相连的洞穴和通道，它们组成一张巨大的网络，长达数百千米。最引人注目的是位于半岛西北角的天然井，这些天然井连接成一条特别深的裂缝链，这些裂缝的深度约数百米——对冒险闯进这里的潜水员来说基本上是属于无底洞。然而，在漆黑一片的深渊里，我们却找不到关于这些洞穴的真实故事。相反，你必须从高处俯瞰尤卡坦半岛。从太空拍摄的图像显示，这些较深的天然井在希克苏鲁伯陨石坑古老的边缘形成了一个弧形。在地下深处，巨大的裂缝和在爆炸中被炸裂的部分成为地下水不间断的路径，而后经过蚀刻，渐渐形成了洞穴和通道。换言之，尤卡坦半岛引人注目的天然井圈带是地球的瘢痕组织，是因大撞击而形成的开放性伤口，后来才渐渐愈合，并且被掩埋在地表以下。

6 500 万年过去了，没有任何明显的迹象表明尤卡坦半岛是生命史最重大事件之一的发生地。虽然神秘的天然井圈带提供了一些隐约可见的线索，但其他产生巨大影响的可见迹象都被抹去了：首先，浅海将陨石坑埋在了泥质沉积物下面；其次，土壤和植被逐渐覆盖了刚刚形成的沿海平原。今天，平坦的尤卡坦低地上覆盖着绵延数百千米的未被破坏的丛林，其中

星星点点地分布着一些奇怪的小石丘，它们证明着另一个消失的世界：玛雅文明。现在，玛雅古城遗址已经被隐藏在了这片灌木林下面，然而，玛雅人举行仪式用的石金字塔却依然屹立不倒。这是一个庞大帝国的遗产，北起墨西哥，南至萨尔瓦多。玛雅人对这片广阔中心地带的统治持续了将近 1 000 年，直至 8 世纪末才开始衰退。由于严重的旱灾持续了数年或数十年，致使农业遭到破坏，权力无法带来降雨，最终导致一座又一座城市爆发内乱。到公元 900 年，100 年前还有 800~1 000 万人熙熙攘攘生活的低地，几乎被饥荒和疾病剥夺了所有人口。具有讽刺意味的是，几近干涸的尤卡坦北部低地竟然是最后一个向恶化的

上图 墨西哥尤卡坦半岛天然井的地下世界非常壮观，这是生命在历经最痛楚的濒死体验时所留下的遗产之一。

气候妥协的地区。因为这里的居民依靠下沉的淡水池和水井来维持生命，但即使是这些天然井也没能阻止玛雅帝国的衰落。那些幸存下来的居民散居在小村落里，渐渐地，丛林恢复了它以前的领土。今天，尤卡坦森林的空地上偶尔出现的玛雅纪念碑似乎为我们提供了双重信息：任何文明都不会永远存在，而且，任何文明都不会比自然更持久。

去尤卡坦旅游，在离开的时候不为地球生命的绝对修复能力而感到惊奇可不是件容易的事。在这片土地上，一个伟大的文明经历了将近 1 000 年的繁荣，事实上却没有留下蛛丝马迹。曾经有颗巨大的陨石在这里爆炸，但是即使是那次事件也没有留下任何线索，这足以证明地球及其生命都已经恢复如初了。地球这种应对灾难的能力正是地球的特殊之处。地球非常顽强，数十亿年以来，地球一直在强健发展，没有任何迹象表明这种情况将会在短时间内发生改变。从长远来看，地球大概可以应对我们给它带来的任何麻烦。我们可以砍伐丛林，正如玛雅遗迹所见证的那样，丛林的复原也就是花费几个世纪的时间。我们也可以污染海洋，但是无疑海洋也会复原，就像曾经当海水中的氧气耗尽时，即将窒息的海洋也恢复了生机。我们还可以把地球上所有的化石燃料烧光，使大气层中的二氧化碳泛滥，但是，即便到了那个时候，地球也只需花上几百万年的时间就可以把碳重新封存起来。即使是那些被我们有计划地消灭的生物也将会随着进化的魔力而被取代。灭绝意味着死亡，但并不代表诞生的终结，地球和生命都将重新恢复生机。这只是时间问题，况且，我们的星球有充足的时间来更新这些。

但这并不是说，人类强加给地球的所有快速变化都无关紧要。人类在与地球不同的时间尺度上活动。人类进化是为了占领一个保持原有风貌的世界，一个有着珊瑚礁、雨林和极地冰川的地球。在改变世界的过程中，我们也正在改变当初让我们的物种和文明兴盛的环境。正如陨石降落在希克苏鲁伯时恐龙退出历史舞台那样，我们在突如其来的变化面前会束手无策。在当前这个时代，处在食物链顶端的不是恐龙，而是我们自己，于是，到处都充斥着"拯救地球"的声音，但这是毫无用处的，而且，这也不是问题的关键。地球不需要拯救，45亿年来，地球一直是个幸存者。我们需要担心的并不是地球，而是我们自身。

时间表

自诞生之日起，地球就一直在两个世界之间来回切换：一个是完全无冰的世界，那里可以享受到宜人的温室气候；另一个是冰封的世界，那里一大片地区

右图　墨西哥尤卡坦的丛林正逐渐侵入古玛雅遗址——一个消失已久的世界遗迹。

都覆盖着冰雪。在几种不同过程的相互作用下，出现了"温室"与"冰室"两种状态之间的波动。这些过程包括地球倾斜度和轨道的周期性变动，以及陆地和海洋分布的不断变化。我们从过去的气候变动情况中了解到的全部信息都来自古老的岩层，以及保留在这些岩层中的生命形式的化石遗迹。正是由于这些记录着生命过程的岩石，地球近几亿年内的主要地质时期（阶段）才得以确定。地球在过去5.5亿年左右的气候大致情况已经为人所知，但在更早一些时候——

早于寒武纪初期开始出现复杂生命的时候，对于气候的总体情况我们是极其模糊的，尽管我们有充分的理由认为地球在前寒武纪的大部分时期内都处于冰室状态。从长远的角度看，目前的全球变暖可能显得无足轻重，但不要忘记，我们人类从未经历过一个无冰时代。需要注意的是，这里的时间表不是按照比例绘制的——前寒武纪在地球历史上所占的比例接近90%，但在以下时间表中却只占15%。

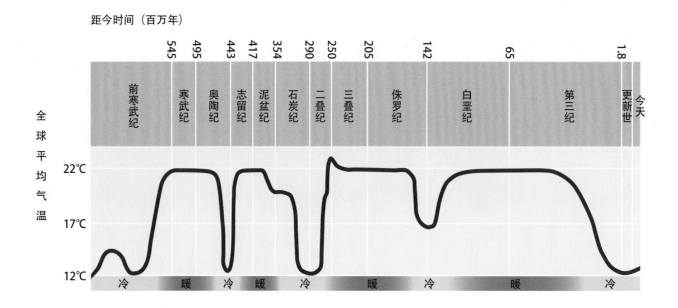